LA GRANDE RENCONTRE

Du même auteur:

Les Éditions de Mortagne:
Le voyage intérieur, 256 pages, 1979.
Les voies du possible, 196 pages, 1981.
L'homme qui commence, 312 pages, 1982.
Un torrent de silence, 368 pages, 1985.
L'homme inchangé, 160 pages, 1986.
Pensées pour les jours ordinaires, 158 pages, 1986.
Une voie qui coule comme l'eau, 1986.

Les productions Minos:
Réincarnation et Karma, 240 pages. En collaboration avec Jacques Languirand
Une religion sans murs, 248 pages, 1984.

Nicole Tremblay

Placide Gaboury

LA GRANDE RENCONTRE

(LES SAVANTS RETROUVENT LA SAGESSE)

Editions de Mortagne

Maquette de la couverture:
Michel Bérard

Édition:
Les Éditions de Mortagne
171, boul. de Mortagne
Boucherville (Québec)
J4B 6G4

Distribution:
Tél.: (514) 641-2387

Dépôt légal:
Bibliothèque nationale du Canada
Bibliothèque nationale du Québec
1er trimestre 1987

ISBN: 2-89074-233-4

1 2 3 4 5 90 89 88 87

IMPRIMÉ AU CANADA

Nicole Tremblay

Placide Gaboury

LA GRANDE RENCONTRE

(LES SAVANTS RETROUVENT LA SAGESSE)

Editions de Mortagne

Maquette de la couverture:
Michel Bérard

Édition:
Les Éditions de Mortagne
171, boul. de Mortagne
Boucherville (Québec)
J4B 6G4

Distribution:
Tél.: (514) 641-2387

Dépôt légal:
Bibliothèque nationale du Canada
Bibliothèque nationale du Québec
1er trimestre 1987

ISBN: 2-89074-233-4

1 2 3 4 5 90 89 88 87

IMPRIMÉ AU CANADA

Table des matières

Avant-propos

> «Il doit y avoir une autre source directrice que l'intellect, car ce ne peut être par accident que les plus grands penseurs de tous les âges ont toujours été profondément spirituels.»
>
> Max Planck [1*].

La sagesse manque à l'homme moderne, qui, depuis l'escalade continuelle de la production, de la violence, de l'angoisse et de la maladie, a du mal à trouver le sens de cette aventure mystérieuse qui s'appelle la vie. C'est comme si le monde de la quantité, de l'avoir l'emportait si bien sur le monde de la qualité, de la conscience et de l'être, que, partout sur son passage, l'homme avait installé au sein du progrès et de l'abondance, le cheval troyen de la ruine. L'être humain a besoin de retrouver son cœur, son âme profonde, la racine de son être. Et ce besoin se ressent en tous domaines: économique, politique, éducatif et religieux.

Dans cet essai, j'aborde le problème du point de vue de la sagesse en science et en philosophie. En écoutant les savants, surtout les physiciens, nous apprenons que la science du XXe siècle a complètement renversé la façon de penser classique. Alors que, jusqu'au XIXe siècle, la science se croyait capable de tout connaître et de tout faire, les scientifiques contemporains pensent au contraire que la science ne trouvera jamais le fin mot de l'histoire, la

* Les chiffres renvoient à la liste d'ouvrages en fin de volume.

composition dernière de la matière, *qu'elle ne peut jamais être la connaissance ultime*. Et ces chercheurs de génie reconnaissent du même coup que c'est au-delà du monde rationnel seul que peut se trouver la solution.

C'est à l'intérieur de chaque chercheur, de chaque humain, que se trouve la clé de la sagesse. Ceux qui s'ouvrent à elle découvrent qu'elle a le même goût que la vie — que son nom soit «éveil à soi», «intelligence créatrice» ou «Conscience universelle.» Le monde attend, pour entrer dans une ère d'harmonie et de paix, que s'éveille et s'allume la sagesse. Il suffirait que quelques humains découvrent la richesse de leur cœur et consentent à l'explorer, pour que déjà une nouvelle lumière se lève sur la terre.

INTRODUCTION

Religion et science

> «Ce n'est certainement pas par accident que les débuts de la science moderne furent marqués par un rejet d'Aristote et un retour vers Platon.»
>
> Werner Heisenberg [1]

Dès qu'un groupe est devenu nombreux et puissant, le cerveau de droite fonctionne plus que l'autre: puisque le nombre exige pouvoir et clarté, les valeurs organisatrices et dominatrices mettent en veilleuse, sinon en échec, la dimension intérieure des êtres. Ce fut le cas du christianisme à partir de son figement impérial.

Après le bref épisode des martyrs (dont l'exaltation évoque à bien des points de vue les charismatiques d'aujourd'hui), le christianisme est privé de sa principale motivation (on pourrait même dire, de son attraction). Ceux qui veulent alors demeurer en croissance au milieu d'un christianisme installé, s'enfuient au désert. Ainsi naissent les monastiques (*monos:* solitaire) qui, selon le modèle de Basile et de Benoît, recréent dans l'enclos communautaire l'expérience à la fois du désert et du martyre. Désormais, c'est au monastère que la spiritualité allait s'enfermer. Elle entrait ainsi dans sa phase effacée, son «underground» si l'on veut. Car la spiritualité a toujours été de nature ésotérique*.

---

* Esotérique (du grec *esoterikos:* de l'intérieur)
— appartenant à un groupe secret
— révélé à ou connu d'un petit nombre — comme par exemple, la physique quantique
— expérimenté dans son sens profond, non superficiel, connu par l'expérience individuelle, en devenant la chose, qui demeure incompréhensible si on ne fait que lire sur le sujet ou en parler.

En effet, l'ésotérisme c'est la connaissance par l'intérieur, connaissance qui n'est possible que lorsque les outils, la préparation, la maturité ont rendu le sujet apte à comprendre par lui-même. Dans l'ésotérisme, il ne suffit pas de nommer une matière ou une expérience pour vraiment la connaître.

En revanche, l'exotérisme* du pouvoir ecclésiastique allait naturellement favoriser la clarté et l'efficacité du monde rationnel et analytique. C'est cette direction qui fut choisie, cela se comprend bien, plutôt que celle du monde insaisissable et irréductible de la réceptivité, de la compassion, de l'intuition créatrice, de la Conscience universelle — monde qui ne se laisse pas manipuler et qui demeure fermé à l'analyse. Ainsi, le spirituel faisait place à l'organisation; ainsi, l'improvisation cédait à la stabilité; ainsi, la croissance se perdait dans des assurances (fictives), dans les dogmes et la permanence des rôles.

Suivant cette logique, il était naturel que l'aiguillage imperceptible du départ privilégiât l'esprit concret et légaliste des Romains, de même que la clarté logique des Grecs (Aristote), plutôt que d'intégrer l'universalisme d'un Marc-Aurèle et d'un Épictète (Romains), ou le monde mystérieux et paradoxal de Pythagore, Platon et des présocratiques. De cette façon allait se perdre dans l'Église *romaine* la dimension orientale et intérieure (que la branche orientale gréco-russe de l'Église a su mieux conserver, par son respect pour la contemplation non mentale et la grandeur lumineuse de l'homme). Cette dimension, c'est le sens du transcendant, de la croissance, du non-défini, du non-verbal, de l'intuitif et du compatissant. (Il est important ici de se rappeler que le principe réceptif, spirituel, compatissant, créateur, intuitif et non-rationnel était

---

* Est exotérique (de l'extérieur) ce qui est superficiel, imposé d'autorité, non assimilé personnellement.

toujours présent au fond de la conscience chrétienne — et même scientifique —, et que cette dimension n'est pas comme telle la propriété de l'Oriental (moyen ou extrême), mais un ingrédient essentiel à tout être humain, car l'Oriental et l'Occidental se trouvent l'un dans l'autre.)

Ce qu'on hérita du judaïsme et que l'œil éveillé des Gnostiques décela très tôt, c'est le système hiérarchique où Dieu coiffait la pyramide du pouvoir («un évêque, un Dieu») — un Dieu du dehors ne parvenant pas à se faire présence intérieure (malgré les catéchismes et l'exemple des moines), pas plus que l'autorité dans l'Église ne réussit à s'intérioriser pour devenir autonomie personnelle. En fait, ce qu'on emprunta à l'Église juive — rites, prières, symboles et textes — resta un collage et ne fut guère vécu de l'intérieur: on ne christianise pas la religion juive sans lui enlever son sens. Et si on croit que le christianisme est nécessaire à l'accomplissement du judaïsme, il faudra, selon cette logique, reconnaître que le christianisme est resté incomplet jusqu'à la religion islamique...

Le choix du rationnel, du clair et du connaissable suivra sa logique jusqu'au bout, en refusant la lignée créatrice et spirituelle d'Origène et de Denys l'Aréopagite, de François d'Assise, de Jacopone da Todi et de Maître Eckhart (maintenant reconnu par les spirituels comme la grande lumière et la plus grande autorité même intellectuelle du moyen âge chrétien, mais d'une intellectualité empreinte de sagesse et d'intuition), pour s'abriter sous le toit carré de Thomas d'Aquin, (qui n'était pas avant tout un spirituel mais un rationaliste), le premier de ce qui allait être une longue tradition. Thomas dissociait foi et intellect, voulant prouver que la foi était un acte de l'intellect, valorisant ainsi, pensait-il, la raison. (Alors que Guillaume d'Ockam voyait foi et raison comme irréconciliables.)

Appuyé par Aristote, Thomas voyait les choses concrètes et leur intelligibilité rationnelle comme étant la seule réalité: c'est l'ordre et la classification qui importaient, non l'intuition, la capacité de créer des liens, l'esprit de synthèse. À l'instar du philosophe grec, Thomas d'Aquin voulait montrer que le monde était un parfait miroir de la raison (notion que le génie d'Einstein renverserait un jour, en affirmant que la raison ne peut d'elle-même comprendre l'univers). Du reste, peu après la rédaction de ses deux «*sommes*», Thomas eut une expérience du spirituel où ses écrits lui apparurent comme sans valeur — «comme de la paille», dit-il à son secrétaire Pipierno. Heureux de mourir quelques mois après cet événement, il n'avait pas cru bon de brûler ce qui lui était apparu comme de la paille et dont l'Église allait faire sa fondation intellectuelle.

Avec le thomisme, le couple raison/réalité s'installa comme canon et critère de vérité. C'était la consécration du monde exotérique. (L'expérience spirituelle restera cachée dans les monastères, dans certains groupes occultes [«Les Amis de Dieu», les Rose-Croix, les Templiers, les Cathares, les Alchimistes, les Francs-Maçons], et chez quelques individus qui, loin d'attirer l'envie de Rome, étaient perçus comme sans conséquence, sinon comme encombrants pour ce qui importait vraiment dans l'Église: le pouvoir et l'expansion.)

Le monde intérieur, l'expérience personnelle de la Conscience de l'Univers, c'est-à-dire la métaphysique (l'au-delà du monde physique), avait cessé d'être le fondement de toute pensée. Les phénomènes (*phainomena*: apparences) avaient obnubilé le noumène (*noumena*: le cœur des choses). Les chutes du Niagara écrasaient par leur bruit le silence du lac Érié. L'attitude masculine l'avait emporté sur le féminin.

Depuis longtemps, le christianisme était devenu exotérique. Toute religion organisée, en ce qu'elle est comportement et culture, est chose d'extérieur et peut exister en marge de l'expérience intérieure, qu'elle pourra même rendre difficile et aliénante. C'est justement parce qu'elles sont exotériques que l'Église, de même que la science qui en sortit, s'avéreront incomplètes et incapables de répondre aux besoins de l'homme intégral. Elles ont toutes deux perdu ou laissé tomber la sagesse en l'homme, son dépassement de la raison, sa dimension métaphysique, son expérience de l'intériorité.

Par leur exotérisme, Science et Église* étaient du même bord. Et à cause de cela, elles ont ensemble préparé le monde moderne avec son obsession de l'avoir et du pouvoir, et son absence totale de vision intérieure et universaliste de l'homme. Comment s'était opéré le glissement? On peut dire que cela s'est réalisé à travers l'interprétation de deux mots: *res* et *logos*.

La réalité (du mot *res*: chose) était vue comme l'univers concret des choses physiques. Réaliser était pris au sens de rendre réel, produire, effectuer un changement, créer un objet. Être réaliste se référait au monde des objets. Selon les dictionnaires (qui véhiculent cette tradition), la réalité, c'est les faits (les choses faites, les choses vérifiables: *factum*, le fait). L'expérience du monde des effets. On avait complètement perdu l'autre sens de la réalité.

Justement, la Réalisation pour l'Oriental était fondée sur la Réalité unique et absolue: le Je universel au cœur de tout être. La Réalité, *c'était* ce «Je Suis» impersonnel et universel, ou encore cette Conscience pure et simple de l'Univers. C'était l'expérience vécue par le Sujet, par l'Être, par le Champ d'énergie absolue. (La Réalisation complète chez l'Oriental évoque le verbe *réaliser* au sens anglais de «se rendre compte».) C'est la Conscience qui réalise qui elle est. C'est elle qui rend aux choses leur vraie réalité, en reconnaissant ce qui est irréel — la fausse inter-

---

* J'emploie le mot Église parce que le mot religion est habituellement confondu avec spiritualité; mais ce que je voudrais employer, c'est «religion en tant qu'organisation».

prétation, le narcissisme, la fuite de ce qui est. Pour l'Oriental, la Réalité est ce qui est permanent, alors que pour l'Occidental, est réel ce qui, en fait, ne dure pas.

L'Occident chrétien avait basculé de l'être à l'avoir. On était passé de l'intérieur à l'extérieur. Du sujet (subjectif) à l'objet (objectif). De l'union à la séparation. La connaissance de soi-même (le «*gnôti seauton*» socratique) était devenue uniquement connaissance de l'extérieur — sans se connaître soi-même, sans savoir combien et comment les préjugés, refoulements et étroitesses influaient sur le sujet connaissant et l'objet à connaître. Pour l'Oriental, connaître, c'était le fait d'être (*Knowing is being*). Pour l'Occidental, connaître sera l'équivalent de posséder (Francis Bacon: «*Knowledge is Power*»). On n'avait même pas retenu la conception épistémologique d'Aristote, pour qui connaître c'était *devenir ce que l'on connaît*! L'unité intérieure de la réalité s'était éparpillée en pièces isolées et extérieures. On avait oublié la Conscience universelle pour se perdre dans ses manifestations physiques. On était passé de la potentialité infinie à des instances isolées, closes et anecdotiques.

Il est curieux que Thomas d'Aquin, en plus de préférer Aristote à Platon *, n'ait pas étudié les maîtres spirituels soufis tels qu'Ibn'Arabî ou Al Ghazzali, mais qu'il se soit tourné plutôt vers Avicenne et Averroès. Thomas avait en somme choisi la clarté, le syllogisme, l'analyse: la raison. Mais le syllogisme ne fait que rendre plus certain ce qui est *déjà connu*: il n'ouvre pas à l'inconnu, à la croissance, à la vraie connaissance, au véritable apprentissage. Il est renfermé dans «le Vieil Homme: la mémoire, le passé, le connu», selon Robert Linssen, commentant la pensée de Krishnamurti [13].

---

* «La naissance de la science moderne à laquelle on assiste ici est, en effet, concomitante d'une mutation de l'attitude philosophique qui marque la revanche de Platon.» Bernard Valade [3]

Thomas d'Aquin préparait ainsi Descartes, qui n'inventa pas, comme on le pense souvent, le rationalisme, mais lui donna pour ainsi dire ses lettres de créance. Avec Descartes se réalise la scission définitive entre le mental et la matière (qu'il faudra attendre Einstein et la physique quantique pour raccommoder) — alors que la philosophie orientale situait *le mental et la matière dans la même catégorie*: les deux étant des objets pour la Conscience éveillée.

L'autre mot clé de cette vision du monde boîteuse est *logos*. Ce mot grec a un sens beaucoup plus riche que celui que la pensée occidentale a fini par lui accorder. (Le Logos des chrétiens était la Parole du Père — la Source —, c'est-à-dire, sa manifestation complète.) Le mot *Logos* signifiait à peu près l'équivalent de *Tao* (chinois) et de *Dharma* (hindou): pattern universel, harmonie, loi cosmique, ordre, parole, manifestation, voie, et seulement de façon secondaire, la raison. Le mot *logique*, auquel on a réduit la richesse de *logos*, suggère combien la vision originelle s'est appauvrie en étant ramenée au raisonnement logique. La logique est la prostituée de l'esprit: par elle, on peut prouver ce que l'on veut. Elle est la partie la moins sage, la moins riche, la moins humaine de l'esprit, la dimension qui peut le plus naturellement être remplacée par une machine. C'est comme si, dit John Huston, on avait affaire à l'échafaudage plutôt qu'à la maison; au squelette plutôt qu'à la personne.

La raison (surtout en sa dimension de logique qui a retenu la faveur de l'Occidental) est sans sagesse, sans vision. Parce qu'elle n'a pas le sens de l'ensemble, privilégiant un seul aspect de la réalité: ce qui est réductible au rationnel. Elle n'a pas d'intuition et c'est l'intuition qui, justement, donne le sens de l'ensemble.

Certes, la science dans sa méthode utilise l'intuition quand il s'agit de formuler une hypothèse, qu'il faudra ensuite contrôler ou prouver. Mais l'intuition est toujours *soumise* à la raison. ALORS QU'EN RÉALITÉ, ELLE NE

L'EST PAS. L'intuition est la connaissance non-rationnelle qui dépasse la raison par son empan, sa profondeur et sa spontanéité. La raison est pédestre, lente et linéaire, marchant à petits pas tout au long de la démarche déductive ou inductive, alors que l'intuition, c'est la saisie immédiate qui reconnaît l'évidence dans un éclair aussi imprévu qu'inexplicable.

Plusieurs pourraient croire que je suis contre la raison — ce qui n'est pas le cas. Ce que je dis, c'est que la raison est valable mais seulement dans son domaine. Quand il s'agit de prouver une hypothèse, d'établir un budget, il faut de la logique et de la raison. Quand il s'agit de comprendre un événement, une personne, son angoisse, le sens de sa vie, un poème, une musique, la beauté, le divin, l'être, la souffrance, le mal, ou pour guérir quelqu'un, pour l'aider à changer ou à s'accepter, pour unir les hommes et créer la paix — c'est-à-dire, en somme, pour ce qu'il y a de plus important et de plus universel chez l'humain, ce n'est pas la raison mais l'intuition (le cœur, la conscience profonde) qui seule peut agir efficacement. Il s'agit de savoir se servir d'un outil selon ses possibilités et dans les bonnes circonstances. Se servir de l'intuition lorsque le calcul seul est profitable, c'est ne pas être sage ni économe de ses moyens. Mais vouloir se servir de la raison en tout temps et lieux, comme tend à le faire l'homme de l'ère scientifique, c'est encore plus malhabile et non productif, quand ce n'est pas tout simplement périlleux.

Il s'agit de voir l'être humain dans sa totalité et de ne jamais perdre le sens de l'ensemble, la toile de fond, la perspective intégrale, la hiérarchie des valeurs (que ce soit chez l'homme ou dans ses liens avec l'univers). La raison est excellente servante mais mauvaise maîtresse, de même que le masculin en nous est nuisible quand il domine, et utile quand il sert ce qui le dépasse. Ce qui embrasse, comprend et intègre davantage a plus de valeur et d'importance, parce que c'est plus universel et profond. Ce qui n'est qu'une partie du tout ne pourra être que partiel et partial dans la mesure où il voudra tout ramener à son point de vue. N'ayant pas le sens de l'ensemble, il ne peut donc pas être sage.

Issue du développement intellectuel chrétien, la science, pas plus que son engendreur, la religion exotérique, n'a eu une vision complète de l'homme. Elles ont toutes deux conduit vers des excès sans précédent dans l'ordre de la souffrance: qu'on se rappelle d'un côté les persécutions du triomphalisme chrétien, dont l'Inquisition en particulier, qui allait inspirer le nazisme futur, et de l'autre, l'absence totale d'âme, de responsabilité et de valeurs qui poussa l'aventure scientifique dans les illusions faciles du scientisme (l'époque victorienne avec sa locomotive-messie et sa prétention de tout expliquer) et très tôt après, dans l'abîme de la bombe atomique et de la guerre chimique. La science n'étant pas une sagesse (étant décrochée du cœur et voguant à la dérive, sans gouvernail intérieur), elle mènera finalement vers la production du mal. Car le mal, selon la tradition spirituelle (la «philosophie éternelle»), c'est justement d'être séparé de l'ensemble. Or la science, ainsi que la religion occidentales ont profité surtout en ce qu'elles ont été séparatistes: créant une coupure entre homme et nature, entre intellect et cœur, entre sujet et objet, et même, en ce qui regarde la religion, entre hommes de diverses cultures et croyances.

Peut-on imaginer un bien sortant de la création d'une bombe? A-t-elle d'autre but que détruire? Et pourtant, ce n'est pas la bombe qu'on doit cesser de produire, c'est l'esprit de guerre qui doit cesser. Car la paix ne peut pas être la *conséquence* d'un arrêt dans la production des armes, elle ne peut qu'en être la *cause*. Ce sont les attitudes du cœur ou de l'esprit qui produisent les effets et manifestations visibles, la matière sort de l'esprit, comme nous le verrons plus loin. Le masculin (action extérieure, pouvoir, organisation) sort du féminin (réceptivité, intuition, compréhension). Quand la paix, qui est une attitude intérieure avant d'être un fait extérieur, sera établie dans les humains, les armes n'auront plus leur raison d'être. C'est à l'intérieur de chacun qu'est allumé ou entretenu le conflit et c'est là seul qu'on peut l'éteindre, en l'entourant de compassion.

La guerre est devenue une «solution» impossible — et peut-être que cette constatation est le seul profit qui puisse venir de la bombe. Du moins, les excès de la religion organisée et de la science nous auront-ils acculés à une prise de conscience, sinon à une position de sagesse. La science et la religion organisée d'avant le XXe siècle sont finalement des échecs *en ce qu'ils privilégient une partie seulement de l'homme*. Or, en créant ce régionnement exclusif, elles menacent la race humaine qui ne peut vivre que de paix, d'harmonie, de relations avec l'ensemble, de spiritualité, d'autonomie, de fraternité, de cœur, d'intuition et de beauté. C'est de ces choses que vit l'humanité, comme c'est de leur contraire qu'elle meurt.

Il faut donc dépasser la science et la religion organisée (en ce qu'elles ont d'incomplet et de réductif), en les intégrant dans une vision plus grande, dans un retour à l'harmonie, à l'universalisme, à tout ce qui est intuitif, compatissant et en croissance dans la vie et dans le monde, en retrouvant la sagesse.

La science orientale (dont la mentalité se reconnaît chez Pythagore et les pré-socratiques, ainsi que dans les systèmes de yoga, les connaissances pharaoniques, dans la médecine chinoise et ayurvédique) est une fusion ou plutôt un état pré-dichotomique de la raison et de l'intuition. Elle est la rencontre de la conscience rationnelle et personnelle et de la Conscience universelle impersonnelle. Cette attitude était encore vivante chez Maître Eckhart et chez les Soufis, mais elle n'existait pas dans le chenal (*mainstream*)) où voguait l'Église hiérarchique, le monde du pouvoir.

Le mot «philosophe» englobait autrefois le métaphysicien aussi bien que le physicien. La philosophie, c'était encore la «passion pour la sagesse», alors qu'avec l'engouement pour la science mécaniciste, les professeurs de philosophie (à distinguer des vrais chercheurs) se sont mis, depuis Wittgenstein (qui était du reste plus sage que ses interprètes) à imiter le scientisme grandissant, en réduisant toute connaissance à la raison et toute intelligence à la logique. Les autres disciplines suivirent cette approche qui s'avère aujourd'hui périmée. Car si la science physique est entrée dans une nouvelle phase avec la relativité et la mécanique quantique, les professeurs de philosophie et de sciences humaines sont encore à la remorque de ce qu'ils croyaient être le sommet de la connaissance — l'attitude irréprochable, infaillible et totalement détachée de son objet, donc parfaitement «objective» (pensait-on), qu'incarnait la physique victorienne.

La sagesse fut perdue par les sciences humaines qui s'entêtent à voir l'homme comme un assemblage de pièces détachables et connaissables en elles-mêmes, sans une vision de l'ensemble. Mais là où la sagesse est surtout absente, c'est en ce que, dans ces sciences, le sujet ne se connaît pas lui-même. La sagesse s'est volatilisée dès que l'on a cessé de comprendre justement qu'*il était impossible que l'homme dans sa totalité soit objet de la science* — puisqu'il est celui qui connaît la science et non celui qui en est connu. Il est non pas objet mais sujet, et tout objet ne peut être connu scientifiquement qu'en étant séparé de l'ensemble et réduit à une de ses composantes. Aussi, la science à son époque de triomphe ne pouvait-elle être que réductionniste, réduisant l'homme à de la chimie, à des pulsions (sexuelles ou autres), et l'univers à des données discrètes de la physique, de la chimie, de l'astronomie et de la biologie*.

---

* Voir à ce sujet l'ouvrage classique sous la direction d'Arthur Kœstler, *Au-delà du Réductionnisme*, où les plus grands savants de l'heure réussissent à démontrer combien la science victorienne était inspirée non par un véritable esprit de recherche, mais plutôt par une pauvreté d'imagination, de cœur, d'intuition, et, disons-le, par une absence de grandeur et de respect pour l'homme.

Une science qui serait fondée sur une connaissance par le Sujet, donc, plus subjective qu'objective (c'est-à-dire, donnant plus d'importance à la vision et au cœur de celui qui étudie, en refusant que celui-ci devienne inconscient de l'objet d'étude) — voilà la science qu'il fallait ou qu'il faudra retrouver. Une science qui serait con-science — c'est-à-dire, selon le double sens du préfixe: science complète et compréhensive. Et il faudra, je pense, que les philosophes, de même que les scientifiques, acceptent de s'ouvrir à la dimension spirituelle, sans laquelle leurs connaissances sont fautives, boîteuses et donc nocives.

En effet, lorsque la logique est laissée à elle-même, elle conduit à la bombe atomique, puisque la science purement rationnelle se demande seulement si un projet est *possible*, elle ne se modèle pas sur la nature qui, elle, ne pose pas d'acte simplement parce que celui-ci est possible, mais parce qu'il est *avantageux* pour l'ensemble et en harmonie avec la vie universelle.

C'est cette science-là qu'il fallait (ou qu'il faudra bientôt) redécouvrir. Comme c'est également une religion ressourcée dans la spiritualité qu'il faut à l'homme, s'il veut survivre et réintégrer un monde de paix. Du reste, cette science nouvelle est pratiquée par des chercheurs qui sont à la fine pointe et que nous aurons amplement l'occasion d'entendre et de commenter tout au long de cet exposé. Ce sont des êtres ouverts à la fois au monde spirituel et à la psilogie, autant qu'à la science classique — c'est-à-dire qu'ils sont perméables à toutes les régions de la connaissance. Ce sont enfin de vrais scientifiques. Par conséquent, ce sont aussi de vrais philosophes, les nouveaux philosophes qui rejoignent ceux du Moyen Âge, de l'ère classique grecque et de l'Orient traditionnel, avant que ne fût introduit l'émiettement des disciplines, devenues des spécialités, c'est-à-dire des visions partiales.

Ils ont compris, ces chercheurs inspirés, qu'être scientifique, c'est connaître *ce qui est* (non ce que l'on voudrait y trouver, en refusant ce qui offense les croyances), qu'être scientifique, c'est reconnaître ce qui est en nous-même tout d'abord (sans jugement, sans condamnation, sans culpabilisme) et autour de nous, dans ce monde qui n'est rien d'autre que le miroir de nos états de conscience.

Chapitre premier

Les trois niveaux de connaissance

«La vérité est quelque chose pour laquelle il faut être préparé si on veut la comprendre.»

Dr Ravi Ravindra [5].

Mon expérience me dit que je ne suis pas fait seulement d'un corps et d'une âme, mais de trois dimensions, aspects ou niveaux: corps, âme (mental) et Esprit. Mais je ne suis ni le seul, ni surtout le premier à avoir noté cette expérience. Un grand nombre de maîtres spirituels d'importance majeure, tels que Shankara, Nagarjuna, le Bouddha, ainsi que des traditions spirituelles les mieux établies — les taoïstes, les soufis, les Tibétains, les védantistes, les chrétiens (en particulier Paul de Tarse*, Eckhart, les victoriens, Thomas Merton), les Amérindiens, les kabbalistes —, ont adopté la même vision des choses. C'est aussi l'opinion de certains grands philosophes (Platon, Spinoza, Heidegger, Berdiaev) et la doctrine des écoles ésotériques (Rudolf Steiner, Gurdjieff, les Rose-Croix, les alchimistes, les théosophes).

L'homme ne serait pas un être composé seulement d'un corps et d'une âme — croyance que le rationalisme chrétien médiéval a imposé à l'Occident —, mais d'une autre dimension qui fait dire aux spirituels de tous les âges

* Paul de Tarse appelait les trois niveaux: *soma* (corps), *psychè* (mental), et *pneuma* (Esprit transcendant).

que l'homme est à la fois Dieu, la Conscience cosmique, l'Être total, que *Maya* (manifestation) égale *Brahman* (source), que *Samsara* (changements) et *Nirvâna* (conscience impermanente) sont un. Mais ce n'est pas que les hommes du Moyen Âge n'aient pas expérimenté les trois niveaux — comme on le voit entre autres chez Hugues de Saint-Victor, Bonaventure, Eckhart, Julienne de Norwich, Jacopone da Todi —, mais la hiérarchie ecclésiastique favorisa une doctrine facile et commode où la dimension mystérieuse et transcendante de l'homme était exclue ou simplement ramenée à ce qui s'appelait l'âme — le principe «animateur» du corps humain. Or, l'âme est une dimension finie, limitée, faite d'un flot de fluctuations et de processus instables et impermanents — pensées, émotions, idées. Il manquait ce qui, en l'homme, transcende ce niveau, et qu'on avait placé en dehors de l'homme — le divin, la présence divine, la créativité illimitée, la compassion, l'intelligence infinie. On ne pouvait pas concevoir que l'être humain fût à la fois limité/illimité, mortel/immortel, humain/divin, et qu'un aspect n'empêchât pas l'autre.

Ce sont ces dimensions qui, non reconnues par l'Église médiévale, allaient être en partie redécouvertes par les recherches de Freud et de Jung, où ceux-ci les nommèrent l'inconscient et le subconscient — le réservoir illimité, incontrôlable et inaltérable d'énergie, d'intelligence et d'intuition qui fonde l'être humain et lui fournit sa créativité.

La dimension spirituelle de chaque humain n'est pas — comme on l'a si longtemps cru, — prêchée et proclamée; c'est comme quelque chose qui s'ajouterait lors d'un baptême, comme si le divin était chose adventice, supplémentaire, une espèce de surplus récompensant une action méritoire. Non pas: le divin n'est rien d'autre que l'intelligence créatrice qui fait vibrer l'être, qui énergise et programme la semence, qui produit, active et accomplit de l'intérieur la matière, en lui fournissant son élan d'irrésistible croissance. Pas de divin: pas d'humain. Ainsi, l'être humain *est* le divin manifesté, de même que toute autre forme matérielle et visible est un déploiement de cette même Énergie créatrice. On n'ajoute rien à l'homme en disant qu'il est divin. Il est complet en lui-même tel un réservoir infini, une fontaine intarissable, une énergie sans fond — énergie qui n'est guère reconnue, pratiquée ou exprimée. Un torrent artésien qui, cependant, dort, comme un étang. Une potentialité empêchée. Tout est là au point de départ. Le divin se manifeste comme puissance non explicitée, non déployée, *non réalisée*: comme réserve. Le travail de l'homme consiste à s'y éveiller, à s'y ajuster, à en recevoir feu, souffle et vision.

L'être humain ne peut exister sans le divin, comme le corps humain sans ce qui l'anime (âme: *anima*) — sans quoi, il n'est plus un corps, mais un cadavre. Remarquez que l'on a de la répugnance pour un cadavre, pourquoi? Parce qu'il n'y a plus la vie. Car c'est la vie qu'on aime et c'est la vie qui donne la valeur à cette masse de matière, comme c'est la vie consciente qui, seule, crée la personnalité. Lorsque la vie est enlevée, il reste une conscience, mais primitive — la conscience de la pierre, des minerais, des insectes. Cependant, ce n'est pas dire que l'humain seul manifeste le divin. Toute matière est l'expression de cette même énergie: la montagne, l'eau, la Terre, l'étoile. Sans cette énergie, pas de manifestation. Sans esprit, pas de matière. Ce qui est vivant manifeste la Vie avec plus de moyens et de diversité: il y a le métal, puis les cristaux, les virus, les insectes, les oiseaux, les animaux. Ce qui est humain manifeste la Vie de façon encore plus étendue et subtile — par la pensée et ce qui la transcende: l'Esprit.

C'est ce qui est le plus fondamental (ce qui fonde le reste) qui donne à ce qui suit, et en dépend, sa réalité, son sens, ses pouvoirs. Ainsi, c'est l'Esprit — la dimension qui transcende pensée et matière — qui surplombe, comprend et inclut ces deux dernières.

La pensée a des pouvoirs très étendus. On n'a qu'à passer en revue toutes les réussites de la technologie, des arts, de l'architecture, du génie. On n'a qu'à interroger les Tibétains, les shamans, les clairvoyants, les sourciers (dont quelques-uns sont à l'embauche des gouvernements russe et américain), des maîtres comme Swami Rama, les hypnotiseurs et les psychologues de *mass media*, pour se rendre compte que la pensée projetée crée un moule qui permet d'«activer» les événements prévus, et que la matière, c'est, en fait, de la pensée cristallisée.

Tout thérapeute sait combien la peur d'un événement précipite celui-ci. Certaines personnes, acceptant sous hypnose la suggestion que le crayon qu'elles tiennent est chauffé à blanc, constatent en se «réveillant» que leur main manifeste tous les signes de brûlures profondes. Les maladies psychosomatiques démontrent l'effet de la pensée sur la matière (et peut-être qu'il faut en dire autant de toute la médecine). Des vieillards, des femmes, des enfants marchent sur des braises chauffées à 1 350°C, sans que leur peau, leurs cheveux ou leurs vêtements ne soient, pour autant, brûlés. Et l'effet placebo révèle un semblable mécanisme: croire qu'un médicament ou un geste peut guérir un malaise produit l'effet voulu, même si le médicament n'a aucune efficacité en soi. De multiples guérisons confirment la validité de ce processus.

Or si la pensée peut avoir une telle influence sur la matière, au point d'informer celle-ci, de l'influencer et de la transformer, combien plus ce qui transcende la pensée peut-il maîtriser la matière, au point de la produire (comme dans le cas de Sai Baba en Inde), de la faire croître ou de l'annihiler (comme le décrit Swami Rama dans son livre sur les maîtres de l'Himalaya)!

Il y a donc dans l'homme plusieurs niveaux de conscience et d'activité, que par commodité je vais réduire à trois dimensions de conscience (souvent appelées «corps» parce qu'elles sont des champs d'énergie ayant une forme décelable et calquée sur le corps), trois plans de connaissance:

Le physique	(le corps, ses sens et ses instincts, tels l'instinct sexuel, et l'instinct de survivance);
Le mental	(inférieur — les émotions/pensées)
	(supérieur — les pensées sans émotions: l'intuition);
Le spirituel	(ni physique, ni mental mais transcendant les deux, et les incluant aussi).

En plus de reconnaître ces trois niveaux, Ken Wilber[2] les représente aussi de diverses façons plus analytiques:

I MATIÈRE	le physique — la matière inerte/l'énergie
	le biologique — la matière vivante et sensible/l'énergie
II MENTAL	le psychologique — l'ego, le logique, la pensée, l'émotion
	le subtil — l'archétype, le trans-individuel, l'intuitif
III ESPRIT	le causal — la rayonnance sans forme, la Transcendance
	l'ultime — la conscience comme telle, la source et la nature de tous les autres niveaux

(Le niveau subtil constitue à la fois le degré le plus élevé du mental et le niveau initial du spirituel.)

Ensuite, dans un diagramme fort éclairant, Wilber précise le rôle de chacun des niveaux:

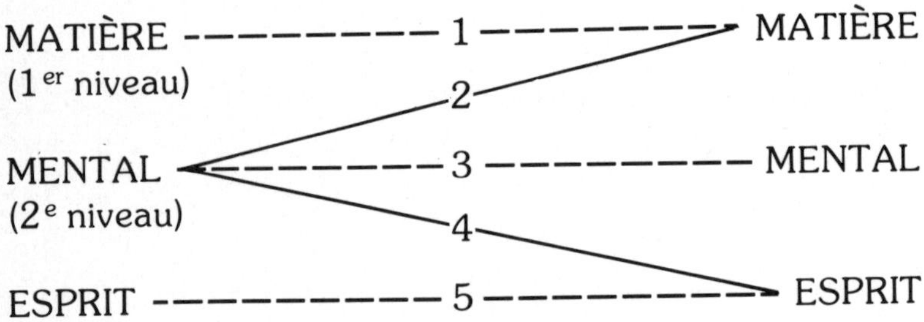

1- La perception sensori-matérielle.
2- La connaissance que le mental a du monde matériel (empirique/analytique).
3- La connaissance que le mental a du mental (connaissance phénoménologique).
4- Le mental qui tente de comprendre l'Esprit (la pensée paradoxale et symbolique).
5- La connaissance directe de l'Esprit par l'Esprit, sans intermédiaire, sans symbole.

Le mental est le domaine du rationnel et du psychique — de tout ce qui touche à la logique, mais aussi ce qui, à la fois par l'énergie émotive et l'intuition (mental supérieur), met en contact avec l'aspect subtil des autres êtres, indépendamment du temps et de l'espace (tous les domaines de la psilogie). De plus, il semble évident que la plupart des êtres humains vivent uniquement les deux premiers niveaux — le physique et le mental —, parce que leur dimension spirituelle n'est pas encore éveillée, ou qu'ils l'ont tout simplement étouffée.

Il serait bon aussi d'ajouter que les domaines du physique et du mental (inférieur) sont plus en relation avec le monde de l'avoir et du pouvoir, alors que le domaine du mental supérieur et du spirituel est du côté de l'être, sans tendance à la possession ou au contrôle. Le dessin de la page suggère, en rappelant la configuration d'un œuf, que l'Être est central à l'homme, qu'il en est le fondement et, qu'à mesure que l'être humain s'en éloigne ou en perd la conscience, il devient «matérialiste».

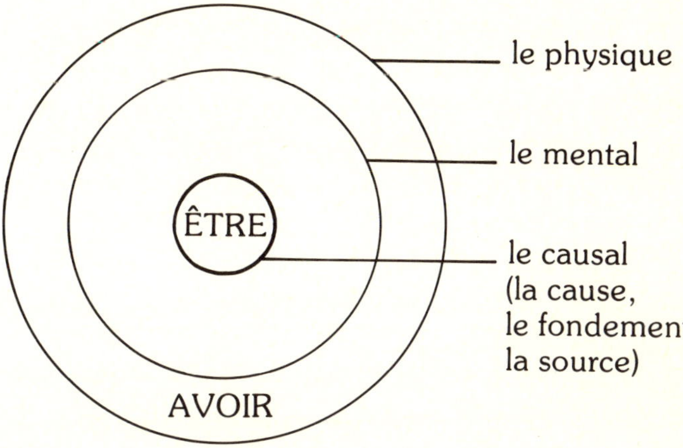

Dans une dernière analyse, Wilber présente les caractéristiques de chacun des niveaux:
La connaissance physique, c'est la raison appliquée aux cinq sens;

- elle est empirique, en ce sens qu'elle ne procède que par une expérimentation du vécu sensoriel (comme lorsqu'on constate qu'il pleut ou qu'on a chaud), et non par raisonnements;
- elle représente ce que Hugues de Saint-Victor et Bonaventure appellent l'œil charnel, grossier (*lumen inferius* — la lumière inférieure);
- elle est selon ces mêmes spirituels, le monde comme *vestige de Dieu* (trace non évidente).

La connaissance mentale, c'est la raison appliquée à elle-même (comme lorsqu'on étudie un théorème géométrique, sans référence au monde physique concret);

- c'est là que se situe la connaissance dite scientifique;
- elle représente l'œil mental (*lumen interius* — la lumière intérieure);

- elle est le monde comme *image de Dieu* (reflet plus clair du divin).

La connaissance spirituelle, c'est le niveau de l'intuition /compassion, de l'intelligence qui est à la fois compréhension par le cœur;

- c'est la connaissance transcendante, sans émotion, ni mental, mais non pas sans sentiment (compassion, joie), ni sans intelligence (intuition: intelligence immédiate et globale) — le sentiment est à l'émotion ce que l'intuition spirituelle est au mental;
- c'est l'œil contemplatif (*lumen superius* — la lumière supérieure);
- le monde divin (la connaissance directe où l'on devient Dieu).

La plupart des gens — les intellectuels même, plus que le grand public — sont portés à penser que seules les deux premières formes de connaissance sont valables, puisqu'elles sont contrôlables, vérifiables* et se prêtent même à des preuves irréfutables.

---

* Un des critères de la validité d'un fait ou d'une expérience est sa réplicabilité. Cependant, plusieurs savants éminents mettent sérieusement en doute ce critère. Il y a, affirment-ils, plusieurs événements, même du monde «extérieur», dont on ne peut provoquer la répétition, comme, par exemple les phénomènes astronomiques (chutes de météores, création d'étoiles, supernova, trous noirs). «Nous ne contrôlons pas plus le «big bang», dit Hubert Reeves, que nous ne contrôlons le rêve que nous avons eu cette nuit. Je ne crois donc pas que ce soit une nécessité, pour parler d'une science, que les événements y soient répétables[4].» Position qui est aussi celle de Karl Pribram: «Je ne suis pas certain que le critère de réplicabilité soit le plus essentiel de la méthodologie scientifique; en matière de théorie quantique, par exemple, compte tenu du caractère probabiliste des phénomènes, on ne peut pas parler d'une véritable réplicabilité des phénomènes[3].» On ne peut certes pas répéter les sensations passées: elles varient toujours de quelques degrés ou de quelque manière (même les scènes réveillées à la façon du Dr Penfield sont toujours revécues dans une conscience actuelle et non plus passée). Dans le domaine mental, on ne peut non plus retrouver exactement le sentiment ou l'image passée (c'est toujours dans un *présent* différent, où la conscience est déjà changée); et il est certain qu'en matière psychique, on ne peut toujours répéter à volonté les phénomènes spontanés tels que la vision à distance, la mémoire de vies antérieures, la prédiction d'un événement futur. Mais c'est encore plus vrai sur le plan spirituel — où tout est essentiellement nouveau, et échappe

Mais c'est un préjugé propre aux deux premiers niveaux, surtout au mental, où ces gens croient spontanément que ce qui apparaît clairement et a été dûment prouvé, a toujours plus de vérité, de poids et de crédibilité — même d'être —, que ce qui est obscur, mystérieux, insaisissable *à leurs instruments*. Certes, le mental, lorsqu'il se penche sur le physique, a sur lui l'avantage de pouvoir l'analyser, le classifier et le juger, sans que celui-ci puisse, en aucune façon, répliquer. La prétention du mental (inférieur) est, pour ainsi dire, sans borne. Ce qui en a fait un instrumnent dangereux, un guide peu fiable et sans sagesse, n'ayant jamais la capacité de saisir la totalité. Les soufis — les spirituels de l'Islam — ont toujours conçu la connaissance mentale comme infantile, et des maîtres spirituels tels Shankara, Nagarjuna, Jean de la Croix, Eckhart, Jacopone da Todi et Thomas Merton ont reconnu l'impossibilité pour la pensée de connaître le divin, de même que certains philosophes, tels Merrell-Wolf, Jaspers, Berdiaev, ainsi que des scientifiques — Bohr, Eddington, Heisenberg, Einstein — ont affirmé que la pensée rationnelle ne pouvait saisir la réalité.

Ce que l'on a oublié et que les métaphysiciens de la trempe de Ken Wilber — et, comme nous le verrons, même des savants — nous rappellent si sagement aujourd'hui, c'est que la connaissance spirituelle est aussi valable, aussi scientifique et aussi publique que les connaissances obtenues par le mental et par le corps. Comme le dit le physicien Eddington: «Les chercheurs de vérité qui commencent par la conscience comme siège de l'auto-connaissance, affrontent les faits solides de l'expérience aussi rigoureusement que ceux qui se servent de la conscience pour lire les instruments scientifiques[1].» Car chaque niveau de connaissance/conscience a ses exigences et ses

radicalement à toute forme de contrôle et de volonté propre. Plus on va vers le transpersonnel et le transcendant, moins le critère de réplicabilité a des chances de s'appliquer de façon efficace.

contrôles. Sans avoir vécu sur un plan spirituel, on ne peut affirmer ce que l'on veut au sujet de la spiritualité, pas plus qu'on ne peut se prononcer sur la physique quantique sans avoir fait des études en mathématiques. On entend souvent des gens sans formation musicale ou artistique se prononcer cavalièrement sur des œuvres de maîtres, comme s'il suffisait d'avoir des réactions pour être doué de compétence! Alors qu'on ne peut pas davantage juger d'une œuvre littéraire ou autre sans s'y être préparé par des années de recherche, que l'on ne peut juger de la valeur d'un cheval de course, d'une auto, d'une glaise à céramique ou d'un vin, sans avoir acquis en chaque domaine une expertise que seules l'expérience et l'étude peuvent procurer.

Ken Wilber suggère trois étapes qui valident chaque niveau de connaissance:

1) *Une injonction*:

«Pour savoir cela, il faut faire ceci». (Pour connaître telle expérience, il faut faire les démarches qui la rendent possible; avant de voir, il faut apprendre à voir).

2) *Une saisie propre au niveau*:

C'est l'illumination, l'«eurêka», la saisie intuitive — une connaissance qui demeure encore privée.

3) *Un consensus*:

La confirmation venant des experts (*experiti*: ceux qui ont l'*expérience*, qui ont *expérimenté*); cette connaissance n'est plus privée mais publique.

Cela veut dire que:

au niveau *physique*:

1) si vous voulez savoir s'il fait froid ou s'il pleut, allez-y voir; si vous voulez savoir ce qu'est le sexe, ce qu'est un kiwi, expérimentez et goûtez;
2) ayant fait l'expérience, maintenant vous savez;

3) d'autres ayant aussi fait l'expérience, il y a *consensus* à ce sujet, ou du moins un corps d'experts, un collège d'autorités;

au niveau *mental*:

1) pour savoir ce qu'est la physique: apprenez les maths, suivez des cours;
pour savoir ce qu'est la biologie: apprenez à utiliser un microscope;
pour savoir ce qu'est la logique: apprenez à jouer avec les raisonnements (qui n'ont rien à voir avec le monde des choses concrètes; un bon syllogisme peut être une sottise sur le plan concret);
2) une fois que vous aurez fait ces expériences, vous serez en mesure de dire que vous connaissez telle science;
3) mais vos affirmations doivent, pour être validées, se confronter au corpus des affirmations d'experts en ce domaine; vous devrez exposer vos idées, par écrit ou autrement, et alors on mesurera votre degré de compétence.

(Ce niveau de compétence n'a rien à voir avec le niveau de l'expérience physique, ce qui s'appelle l'*empirisme*. Nous sommes ici dans un monde complètement autre.)

Au niveau *spirituel*:

1) Si vous voulez savoir qui vous êtes: méditez, réfléchissez, faites le silence, faites taire le mental, devenez témoin de vos pensées et émotions, acceptez-vous sans condition ainsi que votre vie, pratiquez la compassion et le service, apprenez à faire confiance, ouvrez votre cœur, développez votre intuition et cessez de traîner votre passé dans le présent;
2) quand vous aurez ainsi peiné, cherché, que vous vous serez abandonné à ce qui *est* indé-

pendant de vos désirs et volontés, il se produira alors un éclair, une lumière, une légèreté en vous; vous comprendrez des choses, après un certain temps; le temps qu'il faudra; «Ne dites pas que vous faites du zen à moins d'en avoir fait trente ans», nous avertissent les maîtres bouddhistes; quand le regard est formé, il peut voir, et alors vous verrez qui vous êtes, qui sont les autres, ce qu'est le monde, la vie, parce que la source en vous se sera éveillée et votre sommeil sera devenu manifeste; vous serez dans une attention passive;

3) ce n'est qu'en confrontant votre connaissance, votre renaissance, à celles de tous les maîtres des diverses traditions à travers le temps et l'espace, que vous finirez par savoir si vous avez atteint la liberté et la paix qui surpassent toute pensée.

Ce niveau d'expertise n'a rien de commun avec les deux niveaux précédents, le physique et le mental. Si tous trois s'appuient sur des expériences vérifiées, les expériences du niveau spirituel transcendent complètement par leur profondeur, leur simplicité et leur universalité, tout ce qui peut être autrement connu.

En effet, de grands esprits tels que Bergson, Toynbee, Tolstoï, William James, Schopenhauer, Nietzsche, Maslow, Hegel et le Baron Von Fügel ont noté et même démontré que les plus grands mystiques du monde représentent sans doute les sommets du développement humain.

Ces différents domaines ou niveaux de connaissance et de conscience ne se transmettent pas entre eux. Ce n'est pas en exposant ses idées à un enfant ou à un animal que le physicien ou le sexologue peut être compris, car les enfants et les animaux n'ont pas l'expertise ou la préparation voulue pour entendre ce niveau de discours!

Ce n'est pas non plus en exposant son expérience à des intellectuels que le niveau spirituel peut être compris, car les intellectuels savants et surtout rationalistes n'ont pas, en tant que tels, développé l'outil nécessaire relatif à ce niveau de conscience.

En effet, les niveaux inférieurs de conscience ne peuvent comprendre les niveaux supérieurs. Dans un livre classique, *Flatland*, le mathématicien Abbott (un peu à la manière d'un autre mathématicien anglais, l'auteur d'*Alice au pays des merveilles*), nous présente trois peuples vivant chacun dans une dimension physique qui lui est propre: sur un plan (la ligne), sur deux plans (la surface, comme cette feuille de papier) et, enfin, sur trois plans (les trois dimensions de ce livre). Ceux qui vivent sur les deux premiers plans ne peuvent jamais comprendre le troisième: ils ne peuvent même pas l'imaginer. Mais à un certain moment, un esprit audacieux et créateur du deuxième plan émet l'idée qu'il y a un autre univers où on vit en trois dimensions. Il est toutefois impossible de faire comprendre cette intuition, puisque personne n'en a l'expérience et qu'on ne veut pas qu'il existe. De toute façon, une *sphère* (volume tri-dimensionnel) sera perçue comme un *cercle* (bi-dimensionnel) qui s'élargira (jusqu'à atteindre son plein volume), pour ensuite diminuer jusqu'à devenir un point. Jamais on ne se sera permis de voir la troisième dimension comme elle est réellement, c'est-à-dire comme un *volume*. On ne fera que réduire, croyant alors comprendre ce qui est, en fait, complètement perdu.

Le préjugé, le conditionnement, la peur d'avoir à quitter sa vision des choses, peuvent jouer le même rôle que l'absence de préparation, d'instruction ou de connaissances. Ils emprisonnent dans le connu, empêchant ainsi l'expérience de l'inconnu. Ils maintiennent l'esprit dans un état d'hypnose.

Ainsi a-t-on voulu prouver l'existence de Dieu par la raison, c'est-à-dire ramener une expérience propre au troisième niveau (le spirituel) au niveau second (le mental), ou juger le troisième par le deuxième, le plus par le moins. C'est ce qui s'appelle pratiquer le réductionnisme. Affirmer que rien n'existe si on ne peut le prouver par la raison ou par les sens est la forme ultime du réductionnisme. Cela s'appelle le scientisme. Dans cette déformation radicale, la science ne laisse plus de place à aucune autre forme de connaissance, d'enquête ou d'expérience, hormis celle qu'elle a jugé valable. C'est la science qui se prend pour un absolu. C'est donc, par le fait même, la fin de toute recherche scientifique, puisque la science est toujours tentative, interrogation, exploration et qu'elle ne peut jamais affirmer pour toujours, sans quoi elle devient non plus recherche, mais dogme.

On a ainsi tenté, à la lumière et au profit des psychothérapies et psychiatries contemporaines, de réduire le spirituel à du pré-rationnel, à du pré-personnel (les répressions infantiles, les fixations maternelles, le retour dans l'océan du sein). On a alors confondu ce que Wilber appelle le pré-personnel (la fusion de l'enfant et de la mère, où l'enfant n'est pas encore *quelqu'un*), avec le domaine du trans-personnel (la reddition à un maître spirituel, à la racine de son être, à Ce qui Est, où l'être humain transcende ses attaches et fixations et se libère pour une relation de compassion universelle). Ce genre de réductionnisme n'est possible, bien sûr, que parce que les prétendus experts de la psychologie n'ont eu aucune expérience du spirituel. Et ils n'en ont pas eu justement parce que leurs œillères rationalistes les ont empêchés même de concevoir l'existence du spirituel comme terrain d'expérience valable et enrichissant.

L'Église en bloc est un exemple de spirituel récupéré par le rationnel: c'est l'expérience du fondateur qui est fixée, organisée, hiérarchisée, dogmatisée, figée dans des formes et des habitudes qui ne laissent aucune place à l'inconnu, à l'autonomie personnelle, à ce qui remet en question, permettant ainsi la croissance de la conscience. Mais il n'y a pas que le clergé ecclésiastique qui agisse ainsi: les clergés médical, éducatif, militaire et légal ont chacun leur façon de «ravaler» l'autonomie personnelle à une corporation impersonnelle et stérilisante.

Quand un niveau usurpe le rôle d'un autre ou le ramène au sien propre, cela s'appelle commettre une *erreur de catégorie*. Comme on l'a vu, dès que la raison empiète sur le spirituel et prétend en connaître les tenants et aboutissants, elle déforme le spirituel, et elle fausse du même coup son domaine propre. Chacun des domaines a ses compétences, et si on utilise la raison dans un domaine qui ne la concerne pas, elle devient suspecte et mauvais guide: il n'y a plus moyen de s'y fier (par la raison, on peut tout aussi bien prouver que Dieu existe que le contraire). Ainsi, lorsqu'il s'agit de résoudre un problème d'algèbre, de bâtir un pont, d'organiser un déneigement, de rassembler une machine démontée, la pensée rationnelle joue un rôle prépondérant et la connaissance spirituelle est alors mise en veilleuse. Mais quand il s'agit de comprendre la souffrance de quelqu'un, de se connaître soi-même et de s'accepter, de dire oui à la vie sous toutes ses formes et à ses affronts, pour atteindre à la paix intérieure au milieu de l'action la plus accaparante, c'est alors l'expérience spirituelle qui entre en jeu et la raison n'y est alors pour rien, en définitive.

La pensée rationnelle ne peut révéler le troisième plan, puisqu'elle ne le contient pas, alors que la conscience spirituelle peut comprendre la pensée qu'elle englobe et dépasse. Tout comme la nature humaine inclut et comprend l'animal, le végétal et le minéral. (Ce qui ne veut pas dire que l'humain doit faire tout ce que font ces êtres «inférieurs», ni que l'être spirituellement accompli soit naturellement compétent dans toutes les sciences — seulement, il en saisit le rôle et peut leur donner leur vraie place dans l'ensemble des connaissances.)

Car, plus on monte dans l'échelle de la conscience, plus on quitte l'individuel pour entrer dans l'universel, de sorte que le spirituel peut vibrer à l'ensemble de l'univers avec lequel il se sait un, alors qu'au niveau corporel, l'expérience est celle d'enclos, de fermeture sur soi, de monde narcissique, cherchant sa propre satisfaction. De ce niveau pré-personnel ou pré-égoïque, qui ne connaît pas encore l'altruisme, on passe au niveau personnel ou égoïque, où l'individu est capable de rapports avec ce qui est différent de lui; et s'il est capable de rapports interpersonnels, c'est justement parce qu'il est sorti du monde de la fusion maternelle, où il n'était pas encore assez quelqu'un pour être un vis-à-vis. Une fois l'individu constitué à tous les niveaux, le monde individuel peut s'ouvrir de plus en plus, jusqu'à atteindre un jour l'universel.

On passe ainsi à travers les quatre stades décrits par Arnaud Desjardins:

1. moi (enfance)	pré-personnel
2. moi et les autres (adolescence)	personnel
3. les autres et moi (âge adulte)	
4. les autres (réalisation)	trans-personnel

Ce qui fait passer de l'individuel à l'universel, c'est une perte progressive de limites; autrement dit, un accroissement graduel de compréhension. À travers les sensations, les émotions, les relations de compétition et de rivalité, à travers la connaissance rationnelle, la découverte du spirituel, voici ce qui peut arriver à un moment *donné*: une ouverture à l'Ensemble de l'Être, à l'être dans sa dimension non individuelle et non personnelle, commence à opérer sur la conscience, qui offre de moins en moins de résistance à Ce qui se fait, à Ce qui évolue, à Ce qui inspire et dynamise. L'individu se sent moins coupé de l'humanité, parce qu'il la comprend à l'intérieur de lui-même. La connaissance n'est plus une intelligence rationnelle, mais une compréhension du cœur. Être devient synonyme de compassion. Tout devient occasion de lien, de rapprochement. Le passé, qui est la force d'inertie des conditionnements émotifs nourris de peur, cède devant le présent; le connu s'efface devant le spontané, le mort s'évanouit devant le vivant.

Si le moins ne peut comprendre le plus, en revanche, le plus comprend le moins quantitativement, tout d'abord: le chiffre 12 comprend le 6 et le gallon comprend la chopine, comme le kilomètre, le mètre; et qualitativement: le plus beau présuppose différents degrés de moins beau; la connaissance de la physique spécialisée, telles la mécanique quantique et la physique nucléaire, présuppose l'assimilation de la physique classique; de même que l'être humain comprend, bien sûr, les règnes dits inférieurs.

Cette hiérarchie s'applique du reste à l'interprétation des textes. Certaines actions ou paroles peuvent recevoir plusieurs sens — littéral, symbolique, spirituel. Lorsque le sens est intentionnellement littéral et qu'il est compris ainsi, il y a communication; par exemple, lorsque je dis «eau» et que l'on comprend, c'est en effet, H_2O. Lorsque le sens voulu (encodage) est littéral mais qu'il est compris (décodage) au sens symbolique, il y a alors déformation de la pensée, manque de communication, incompréhension. De même que lorsque l'intention littérale est saisie comme une communication spirituelle. On peut donc mal comprendre, mal communiquer, en n'étant pas au niveau de la conscience qui communique. De la même façon, on déforme complètement une pensée à connotation spirituelle, en la ramenant au niveau purement symbolique ou littéral.

C'est, en effet, ce que l'on semble avoir fait avec l'ensemble des textes évangéliques, de même qu'avec d'autres récits, tels celui de la Création et du mythe d'Adam et Ève. Lorsque le sens est maintenu au plan physique, il est faussé si le sens spirituel est essentiel à la compréhension complète du message! Dans les paroles spirituelles que les évangiles nous transmettent de Jésus, les choses physiques, selon ses directives explicites, renvoient au plan transcendant. Or, non seulement l'Église mais encore les disciples entourant Jésus ont ramené le sens de ses paroles au niveau littéral, défigurant le message essentiel. «Pain de vie», «eau», «pierre», «semence», «croix», «mort», «naissance virginale» ont pris leur sens le plus pauvre. Ne donnons comme exemple que «la pierre», qui, au niveau spirituel, veut dire la dureté destructrice de ce qui n'est pas entendu spirituellement — comme lorsque des pierres sont lancées pour tuer la femme adultère; ce qui la tue, ce n'est pas la dure matière de la pierre (sens littéral), ni la dureté comme telle (sens symbolique), mais «la dureté du cœur qui n'a pas compris *spirituellement* les Écritures».

De même, la naissance virginale peut être entendue au sens littéral (physique), au sens mental (symbolique) — comme la naissance de celui dont le Père est céleste —, et, enfin, spirituellement, comme la connaissance directe que le Soi est né sans aucune participation de la volonté rationnelle (le principe masculin adamique) — selon l'interprétation de Jean Lerède.

Jésus pousse même la subtilité jusqu'à présenter à la fois, dans la même phrase, un message littéral et un message spirituel: «Ce n'est pas ce qui entre dans l'homme qui nuit à l'homme, c'est ce qui en sort.» «Ce qui entre» est entendu au sens physique: la nourriture; «Ce qui en sort» n'est plus entendu au sens physique (les excréments): il faut passer au niveau spirituel pour l'entendre — c'est «ce qui jaillit du cœur humain, la bonté ou la méchanceté».

Ce ne sont pas seulement les spirituels ou les philosophes, comme par exemple ceux que j'ai nommés plus haut, qui reconnaissent que la raison ne peut saisir ce qui la transcende, ce sont aussi des métaphysiciens tels Kant, Nagarjuna, Merrell-Wolff, Heidegger, Spinoza, Platon, Maïmonides, Needleman, Edelmann. Mais pour aller plus loin, voici quelques textes de savants contemporains qui affirment non seulement la limite de la connaissance rationnelle, mais la nécessité de la dimension spirituelle pour connaître à fond la réalité:

Alfred North Whitehead[1]:

«Si vous voulez connaître le principe général de l'existence, vous devez commencer en haut et utiliser la dimension la plus élevée pour éclairer la plus basse, et non l'inverse. Vous pouvez apprendre plus du monde à partir de la biologie que de la physique, et plus de la psychologie sociale que de la biologie, et c'est en Dieu que l'on peut fonder toutes les lois et tous les *patterns*.»

David Bohm[15]:

«Au lieu de dériver le subtil comme forme abstraite du tangible, nous dérivons le tangible comme forme abstraite du subtil» — le plus étant le subtil (mental, spirituel), le moins, le tangible (physique).

Robert Linssen[13]:

«La Réalité suprême correspond à ce que les grands physiciens tels Bohm, Capra, Domash, Wigner, Josephson, désignent comme «réalité fondamentale de l'univers», sorte de pulsation créatrice, intemporelle, englobant et dominant l'univers familier — l'Éternel Présent.»

Jack Sarfatti[3]:

«Les affirmations *méta*-physiques sont absolument vitales à l'évolution de la physique.»

Sir Arthur Eddington[1]:

«Notre nature spirituelle, qui est connue par un contact intime qui transcende les méthodes de la science, fournit exactement ce que la science est évidemment incapable de donner.»

Fritjof Capra[3]:

«Pour se libérer de l'envoûtement de ce qui est mesurable (physique), il faut réaliser (expérimenter concrètement) que tous les phénomènes perçus sont les éléments d'une même réalité, que toute chose, y compris nous-mêmes, est Brahman.»

Sir James Jeans[1]:

«En tant que scientifiques, nous ne sommes pas en contact avec la réalité ultime.»

Brian Josephson[10]:

«Il y a des forces au-delà de l'intellect.»

D. Bohm:

«Nous sommes forcés de reconnaître les présupposés métaphysiques derrière la science.»

Josephson[10]:

«Les descriptions de l'expérience mystique indiquent quelque chose de plus grand que ne le suggèrent les images courantes de l'homme.»

Abdus Salam[3]:

«La science appelle donc à ce qu'elle ne peut dévoiler.»

Richard Mattuck[4]:

«Dans la physique moderne, il y a une place pour l'âme, pour la conscience, pour quelque chose qui n'est pas d'ordre matériel, et qui a un caractère extrêmement différent de ce système atomique qu'on appelle le cerveau.»

Eddington[1]:

«J'affirme que la nature de toute réalité est spirituelle, non matérielle.»

Jeans[1]:

«Dans notre propre mental, nous pouvons trouver une Puissance plus grande mais apparentée à la conscience.»

Ilya Prigogine[6]:

«C'est maintenant la science qui semble donner crédibilité aux affirmations mystiques.»

Eddington[1]:

«Le je intérieur qui ne peut jamais être évité, ne peut jamais faire partie du monde physique, à moins de changer le sens du mot «physique» de façon à en faire le synonyme de «spirituel».»

Werner Heisenberg[1]:

«Les décisions, si nous ne sommes pas complètement égarés, ne sont pas prises dans la science et la technologie, mais là où notre vision est dirigée vers l'homme complet et la réalité totale.»

Albert Einstein[1]:

«Le but ultime et le désir de l'atteindre doivent venir d'une autre source que la science.»

«La pensée seule ne peut nous donner le sens de ce qui est ultime et fondamental.»

«La pensée purement logique ne peut nous livrer aucune connaissance du monde physique.»

Max Planck[1]:

«Il doit y avoir une autre source directrice que l'intellect, ce ne peut être par accident que les plus grands penseurs de tous les âges ont toujours été profondément spirituels.»

Wolfgang Pauli[1]:

«Dans chaque entreprise de connaissance ou de réalisation, nous dépendons de facteurs qui échappent à notre contrôle et que l'on a appelé traditionnellement la «grâce».»

Jeans[1]:

«Je me tiens sur le seuil à la veille d'entrer dans une pièce. (...) En vérité, il est plus facile à un chameau de passer par le trou d'une aiguille qu'à un scientifique de passer par la porte.»

Heisenberg[1]:

«Je n'ai jamais trouvé possible de rejeter le contenu de la pensée religieuse comme faisant partie d'une étape révolue de la conscience.»

Planck[1]:

«La connaissance n'est pas obtenue par un raisonnement, mais par une saisie métaphysique.»

Heisenberg[1]:

> «La grande connexion est reconnue bien avant qu'elle ne soit comprise rationnellement. Il est universellement reconnu que cette reconnaissance immédiate n'est pas une conséquence de la pensée rationnelle.»

J'ai dit plus haut que le plus contient et transcende le moins, alors que le moins ne peut comprendre le plus. En corollaire, on peut dire que pour comprendre à un niveau plus élevé, il faut en quelque sorte *renoncer* à saisir à un niveau inférieur. Ainsi, le corps n'a aucune idée d'un problème mathématique ou même des théories sur la sexualité ou la digestion. À son tour, le mental n'a aucune idée de l'état du spirituel: la raison contrôlante doit être abandonnée si l'on veut atteindre l'intelligence créatrice. Pour comprendre le monde des mathématiques ou de la logique, il faut mettre de côté, dès l'instant où on cherche à comprendre, le monde des émotions et de ses désirs physiques. Il faut les transcender. Alors que pour comprendre une personne, il faut intégrer toutes les connaissances possibles, celles des trois niveaux à la fois.

Ainsi, pour comprendre la fraternité universelle, l'attitude de compassion envers tous les êtres, l'ouverture à tout ce qui est, il faut transcender son petit monde, ses petits problèmes, ses pensée, ses préjugés. L'impersonnel exige qu'on laisse de côté le personnel, comme l'universel transcende en effaçant pour ainsi dire l'individuel. Ainsi, il est impossible de connaître le spirituel si on a une vie centrée sur la recherche du plaisir ou si l'on veut absolument comprendre avec la raison.

J'ai aussi dit que le troisième niveau (spirituel) créait, énergisait le second (mental) et le premier (physique), comme le mental pouvait s'exprimer à travers le physique qui en devenait le docile miroir. En corollaire, on peut dire que toute action physique, que tout comportement incarnent, mettent en actes, rendent explicite un présupposé mental et même métaphysique. Il y a toujours un mobile sous-jacent, un dynamisme caché dans les gestes les plus clairs. Le présupposé mental (conscient) pourrait être le désir d'éviter, de fuir, de se venger, l'intention de parvenir à telle fin — présupposé qui est en réalité fondé sur une attitude beaucoup plus enfouie qui rejoint les couches de la conscience profonde et non rationnelle (appelée souvent inconscience), qui, à son tour, débouche sur le spirituel (métaphysique, transcendant). Ces présupposés fondamentaux peuvent être des croyances telles que: l'homme est bon ou mauvais; je suis mortel et/ou coupable; les hommes sont seulement de la matière; la pensée est supérieure à tout; l'important est de dominer; tous les hommes sont frères; je ne puis mourir...

À l'inverse, ceux qui ont telle croyance seront habituellement portés à poser tels genres d'actes. Une personne qui se fait l'apôtre du darwinisme sera portée à tout voir en termes de compétition. Un skinnérien verra tout comme un jeu de stimuli et de réponses. Un marxiste aura tendance à mépriser l'*american way of life* et regardera avec suspicion tout ce qui sent la religion (autre que la sienne). Et un catholique conservateur sera porté à craindre toute interprétation personnelle, le laxisme sexuel ou l'autonomie créatrice.

Ainsi, l'état d'éveil conscient baigne dans une conscience profonde et non rationnelle. La plupart des psychologues appellent cette conscience profonde *l'inconscient*, terme que je trouve négatif et imposé par le conscient prétentieux et limité, alors que non seulement la conscience profonde n'est pas un *in*-conscient, mais elle est infiniment plus consciente et intelligente que l'autre — seulement, elle n'est pas rationnelle.

La conscience éveillée dépend donc d'une conscience plus profonde où coexistent à la fois les croyances individuelles et les croyances collectives. Ces deux croyances ou attitudes ontologiques prennent source dans la Conscience d'être, qui est profondément intuitive et d'autant plus inchangeable qu'elle est plus radicale. «On ne peut créer soi-même ce potentiel d'énergie, c'est plutôt lui qui nous crée; tout ce qu'on peut y faire, c'est nettoyer le sous-bois et enlever les obstacles.» (Willis Harman, directeur des Noetic Sciences, lors d'une rencontre privée.)

Or c'est beaucoup plus par la conscience profonde et non rationnelle que l'on est poussé à agir, que par les idées éveillées de la conscience claire. Tout ce qui est profond dans notre vie, tout ce qui tend vers une attitude embrassant le sens complet de notre aventure face à l'univers, se trouve non pas en surface mais en profondeur, à la racine de l'être. C'est cette racine de l'être qui nous crée, c'est de cette source que jaillit tout le reste: intelligence, créativité, force, compassion, joie, acceptation, courage. J'appelle cette dimension le Cœur. Et c'est d'elle que tout dépend, c'est elle qui englobe tout — tout n'étant simplement que sa manifestation, l'onde de surface qui n'est que le mouvement apparent d'un fond de mer tranquille, universel et inépuisable.

Les actes humains sont comme des feuilles et des fruits qu'on perçoit sur les branches d'un arbre — par leur sève, ils demeurent enracinés dans l'invisible.

Chapitre Deuxième

L'aventure de la Science

«La physique s'est développée par opposition à la religion et, en même temps, à la philosophie.»

Ilya Prigogine [6]

La science commença le jour où, au lieu d'accepter une vérité parce qu'elle avait été décidée par la raison ou l'autorité, l'homme se mit à interroger l'expérience. En effet, la science n'est pas une soumission aux décisions d'une autorité — que celle-ci soit la raison ou la religion —, mais l'exploration par les sens (aidés d'instruments et contrôlés par la raison), c'est-à-dire: l'empirisme. Un autre nom lui fut donné par Roger Bacon qui distingua entre connaissance par *déduction* — par raisonnement scolastique, que Bacon critiquait à son époque — et l'*induction*: la connaissance obtenue par des expérimentations répétées. Certes, on pourrait conclure par d'habiles raisonnements, qu'en échappant simultanément dans un vacuum des objets de poids dissemblables, leurs vitesses de chute seront également dissemblables. C'est ce que croyaient dans leurs raisonnements les savants («philosophes de la nature») du Moyen Âge — précisément parce qu'ils n'y étaient jamais allés voir. Tout se passait dans leur tête.

Mais, un jour, un homme insatisfait et exigeant (Galileo Galilei), demanda qu'on aille *mesurer*, qu'on apporte des preuves *quantitatives*. Il décida de voir lui-même si tout ce qu'on disait était bien vrai, et sa surprise fut la découverte du siècle: dans un vacuum, les corps de poids différents tombent tous à la même vitesse vers le sol. On reprit plusieurs fois l'expérience, pour s'assurer qu'il en était bien ainsi, et les nouveaux résultats confirmaient toujours les précédents.

Ainsi naquit la science — c'est-à-dire la connaissance par la méthode *inductive*. Cette science, née d'une attitude critique vis-à-vis de la théologie scolastique, offensa celle-ci et déclencha un interminable conflit entre science et religion — entre une religion devenue habitude et une science au regard frais et rigoureux.

La science n'est donc pas un domaine rationnel au point de départ —, bien au contraire. Elle est née par réaction contre la tour d'ivoire des intellectuels qui pensaient sans leurs corps, qui étaient de plus en plus coupés de la vie et, à cause de cela, de moins en moins fiables, de moins en moins vrais. C'est dans cet enclos que le rationalisme médiéval avait conduit les esprits. La philosophie scolastique s'était tellement fermée au monde de l'expérience concrète, qu'elle était vidée de toute sagesse, incapable de guider les hommes vers la connaissance.

Petit à petit, la nouvelle connaissance par induction fit son chemin. Plusieurs chercheurs sérieux et géniaux lui tracèrent la voie: Francis Bacon, Tycho Brahé, Giordano Bruno, Galileo Galilei, Copernic, et, enfin, Isaac Newton. Avec Newton, acclamé comme un demi-dieu en Angleterre*, la science avait atteint son expression classique. Les lois de l'action et de la réaction, de la gravité, de l'inertie, des trajectoires planétaires, de l'optique, et de tout ce qui regarde le monde des machines étaient enfin définies.

Le monde apparaissait comme un appareil aux rouages d'une grande précision, le temps devenait une donnée immuable ainsi que l'espace, tous les objets étaient claire-

* Newton affirmait que ses découvertes étaient la révélation même de Dieu.

ment séparés les uns des autres, et les relations de causes à effets, transparentes comme du cristal. Le monde était un jeu d'innombrables billes roulant les unes contre les autres, sous l'influence de forces claires et précises. Le monde était une machine, rien de moins, et les lois, des descriptions éternelles d'une horlogerie admirable, comme si un dieu surveillait de haut le déroulement de ce bal impeccable. L'homme était, en effet, complètement coupé de ce monde inerte et sans faille, de ce monde de quantités dont on avait expressément extrait toute qualité (goût, odeur, beauté, texture, bonté) : le sujet était aussi séparé de l'objet que le noble seigneur de ses fiefs et valets, ou que le pape de ses fidèles. L'homme lui-même, allait-on bientôt conclure, n'était rien d'autre qu'une machine. (Il est utile de remarquer, au long de l'évolution de la science, combien les théories courantes sont tributaires des idéologies à la mode.)

La science est donc née d'une réaction à la scolastique rationaliste qui était devenue une logique sèche, dénuée de sagesse et de dimension humaine, tout comme la religion, dont elle dépendait, était devenue, à la fin du Moyen Âge, un coquillage sans vie. La religion avait perdu sa spiritualité et la philosophie sa sagesse. C'est ainsi que la science allait prendre la relève de la recherche, de la créativité et de l'authenticité. On peut donc dire que la science est le produit ou la conséquence d'une religion scolastique asséchée et vidée de ses dimensions humaine et spirituelle.

Du reste, la science à son tour allait finalement devenir une religion. Aussi longtemps que la science se donna pour rôle de décrire le comportement de la nature et d'en tirer les règles de conduite les plus universelles (appelées lois), elle était fort utile, même irremplaçable. Tout ce que la science newtonienne a déterminé demeure encore valable dans le monde où nous circulons, c'est-à-dire l'univers en trois dimensions, celui des vitesses moyennes, des calculs quotidiens: ce qui s'appelle le macroscopique. Et aussi longtemps que les instruments inventés demeuraient adaptés à ce monde-là, les lois de Newton étaient (surtout à partir de Laplace) considérées comme des absolus. Le *scientisme* allait naître.

Le scientisme est né du succès même de la science. L'univers semblait si bien se calquer sur les lois découvertes par l'esprit humain, qu'il était naturel de croire à la suprématie de cet esprit, dont jaillissaient tant de connaissances aux bienfaits si nombreux sur le plan individuel et social. La science, c'était l'abolition des injustices, la connaissance suprême, le nouveau messie. En effet, la surabondance des inventions qui augmentaient jusqu'à la fin du XIXe siècle, donnait l'impression que plus rien n'était fermé à la science, qu'elle jouissait d'un pouvoir sans limite sur la nature et que l'univers allait bientôt lui livrer ses derniers secrets. Enfin, la science était perçue comme omnisciente et omnipuissante.

Ce qui caractérise le scientisme, c'est à la fois son arrogance et son ignorance, qui ont pour conséquence l'absence complète de sagesse. Cette attitude excessive mènera tout naturellement vers la décadence et le désastre.

Comment la science est-elle devenue scientisme? Par le biais d'une mentalité de plus en plus matérialiste. Les succès de la science ont été reconnus tout d'abord par leurs retombées technologiques: l'ère industrielle entraîna tout un foisonnement de machineries nouvelles, de là, une surabondance de production grâce à l'embauche à bon marché (femmes et enfants), la découverte du charbon, de la vapeur, du fer et de l'acier, de la locomotive, des moyens de distribution plus avantageux, puis, plus tard, le monde de l'automobile qui entraîna finalement une production en masse, avec ses conséquences: la hantise de l'avoir et le déséquilibre écologique.

Mais bien avant le XXe siècle, les esprits européens étaient devenus surfascinés par l'avoir et ses promesses. Ce n'est pas sans raison qu'on croyait entrer dans *La Belle*

Époque. L'homme se voyait enfin comme le vrai contrôleur et le maître de la nature: le divin avait évacué sa création et la matière était vidée de tout esprit — tout comme la philosophie de sa sagesse, et la religion de sa spiritualité.

Lorsque le penseur Marx écrivait dans son salon de bourgeois ses brillantes thèses sur le capital, le matérialisme comme philosophie était déjà dans l'air depuis quelques temps. La science avait démontré le plus clairement possible qu'il ne pouvait y avoir autre chose que de la matière. Voilà, du reste, la phase la plus dangereuse du scientisme: sa certitude que seul existe ce qui est mesurable, prouvable et visible, et que, par conséquent, ce qui est intérieur, invisible et invérifiable par un instrument physique (donc une quantification) ou ce qui est simplement subjectif ne peut avoir d'intérêt pour un esprit sérieux. Ce qu'on ne comprenait pas, ce qui demeurait mystérieux et inconnaissable, était appelé simplement l'imaginaire, l'impossible ou bien encore, «ce qui sera un jour expliqué par la science».

La science était ainsi devenue *exotérique* — comme la religion et la philosophie. Je vais expliquer un peu ce que j'entends par ce mot dans le présent contexte. Est exotérique (extérieur) ce qui est ramené au niveau du «contrôlable par les sens», mais qui, de par sa nature, ne l'est pas; ce n'est pas compris parce que non vécu avec la préparation et la compétence requises. C'est dire que lorsque la religion n'est pas intériorisée mais vécue au niveau du mental ou de l'émotion, au lieu de l'être au niveau du spirituel, elle est devenue exotérique. Ainsi, les savants avaient-ils perdu leur dimension humaine, leur place dans l'ensemble des activités, en négligeant complètement leur spiritualité. Conséquemment, ce qui est *ésotérique*, c'est ce qui ne peut être connu que par l'instrument adéquat à tel niveau de connaissance — comme on l'a vu au chapitre précédent: le spirituel ne peut être connu que par l'intuition directe, comme le mental l'est par la raison/émotion, et le physique, par les sens. Or la science physique, à son apogée de réalisation (époque victorienne), avait complètement perdu le respect des niveaux de connaissance autres que le sien propre. Elle niait non seulement la validité de la connaissance spirituelle, mais son existence même. Et en niant à chaque niveau sa valeur propre, en réduisant un niveau à un autre, elle dévalorisait le sien propre.

En effet, la science qui avait allègrement commencé comme une aventure empirique, un retour aux sens, au quantifiable, donc très éloignée du monde mental (la logique) — qui se vérifie lui-même mais sans référence au monde physique —, cette science était enfin devenue *le rationalisme* auquel elle s'était initialement opposée. L'aventure avait fait un tour complet car le matérialisme scientifique (baptisé «positivisme» par Auguste Comte vers 1830 — l'idée que seul le monde des faits positifs était valable) est une *croyance*. Ce positivisme rejette une foule d'expériences que le commun des hommes reconnaît mais qui sont considérées comme superstition, comme religion primitive. Il est une idéologie, où *la nécessité d'avoir raison l'emporte sur la capacité de prouver* et où tout ce qui relève de l'émotion, du sentiment, de l'intuition, de la croyance (sauf celle du positivisme!), est réduit à de l'ignorance, de la fantaisie, de la folie. Comme il veut absolument avoir raison et être la connaissance supérieure, même la seule, le matérialisme scientifique s'arrange pour fausser sa vision de tout ce qui ne confirme pas cette croyance. Voilà comment la science est devenue un dogmatisme, une connaissance exotérique, une religion.

Mais le mouvement contraire du pendule était déjà en branle dès le milieu du XIXe siècle, avec les découvertes de Darwin, et, plus tard, celles de Freud. L'homme ne pouvait plus se croire détaché du reste de la nature animale; il n'était pas cet être supérieur que la science lui avait fait croire. Et avec Freud, l'homme se découvrait rempli de profonds mystères que la science avait complètement ignorés et qui se révélaient être les mobiles secrets de toutes sortes de comportements jugés jusqu'ici nobles et intelligents. On commençait déjà à reconnaître des failles dans l'édifice de l'orgueil humain.

Mais c'est avec la relativité du début du XXe siècle que le séisme allait surtout se faire sentir. La découverte d'Einstein ramenait le certain, l'absolu et le définitif à du mystérieux, de l'individuel et du relatif. Bien que cette découverte s'appliquât tout d'abord à un monde de dimensions exceptionnelles (la vitesse de la lumière), cette simple remise en question d'un système qui se disait indéfectible et insurpassable, avait commencé de semer le doute dans certains esprits, permettant ainsi à l'aventure de la science, qui est une quête modeste des comportements secrets de la nature, de reprendre petit à petit sa vraie place dans l'univers des connaissances.

C'est toutefois avec l'avènement de la mécanique quantique, dans les années 20, que les savants reconnurent que la science newtonienne était incomplète et, sur plusieurs points, en particulier dans le domaine du microscopique, complètement inapplicable. Si la relativité était encore tributaire de l'ancienne vision — la causalité, le monde dirigé par un mathématicien remplaçant un dieu extérieur, le refus de tout probabilisme, préférant un déterminisme complet —, en revanche, la mécanique quantique rompit complètement avec le monde passé.

Brossons à larges traits les caractéristiques de cette nouvelle vision des choses, de ce nouveau paradigme.

- Tout mouvement est vu comme discontinu (l'énergie se propage par *quanta* individuels, par paquets).
- Le sujet observant l'univers influence celui-ci. Le sujet ne peut plus être séparé de son objet, comme c'était le cas dans la vision newtonienne/cartésienne.
- On trouve impossible de décomposer le monde en unités indépendantes, contrairement au concept de briques fondamentales (*building blocks*) de l'ancien monde.

- Toute connaissance est approximation, une connaissance non pas des choses comme elles sont mais de leurs apparences, interprétées en termes mathématiques — donc un ensemble d'équations, une construction mentale. (Kant avait divisé la réalité en deux: d'une part, le phénoménal (les apparences, les créations de l'esprit) et, d'autre part, le nouménal (le dedans des choses).) Le savant serait ainsi la source même des lois universelles qu'il «découvre» dans la nature — comme on le verra au chapitre septième.
- La mécanique quantique affirme aussi qu'au niveau atomique, seules les probabilités sont prédites, jamais les événements individuels — que le monde physique est un monde de chance et de hasard, largement prédéterminé dans son *actualité*, mais non-déterminé dans ses *potentialités*.
- Elle dit que toutes particules de matière, y compris le proton (qui vit quelque 1 030 années), sont instables.
- Pour les physiciens contemporains, la matière et la conscience sont la même chose, puisque la matière se transforme en énergie, justement parce que la matière, c'est de l'énergie qui s'est transformée en matière; et ce qui se transforme en énergie est esprit. On a donc un double précipité: conscience/énergie/matière.
- Une des grandes découvertes de la physique quantique est l'incapacité de déterminer la composition de la matière, qui est de la lumière (énergie) congelée. Chaque photon peut apparaître sous forme corpusculaire ou ondulatoire, selon l'instrument qui l'observe. En fait, l'onde seule existe, aussi longtemps qu'on ne la regarde pas, sans quoi, elle devient corpusculaire. L'aspect corpusculaire (objet) n'apparaît que pour autant qu'une conscience ou un obstacle se manifeste pour le faire exister. En d'autres mots: si on ne perçoit pas le photon, c'est qu'il n'y a pas d'écran qui le manifeste en le heurtant. En quel cas, il reste dans son état ondulatoire, mais alors non détectable. La lumière se répand donc par-

tout, mais n'est visible qu'en heurtant un obstacle, que s'il y a un *médium*. C'est pourquoi on dit: l'onde seule existe aussi longtemps qu'on ne la regarde pas.

Ce qui nous amène à la question de la connaissance objective. S'il n'y a personne pour percevoir une chose, la chose existe-t-elle? Et si je la perçois, existe-t-elle autrement que si je ne la voyais pas? Selon la mécanique quantique, la chose n'existe que lorsqu'elle est perçue, connue, et, en dehors de cela, on ne peut rien en dire. «Rien ne se passe dans la nature sans que quelque chose en ait conscience», disent Bohm, Riley et Sarfatti. Mais dès que la chose est perçue, *elle est changée*. C'est donc dire que les choses ne peuvent jamais être connues en elles-mêmes, séparément de notre implication, de notre participation, peut-être même de notre attente. (Comme on le verra plus loin, toute cette question de l'objectivité est mal posée par la science et la philosophie.)

«Tu nous enseignes toujours qu'il n'existe sous le ciel rien qui soit extérieur à l'esprit. Mais regarde ces fleurs, ces fleurs de la haute montagne! Elles s'épanouissent naturellement et se faneront naturellement sans que personne le remarque. Quel rapport ont-elles avec le fait que nous en soyons conscients ou non? [...]

[...] Jusqu'à ce moment précis, alors que tu n'avais pas pris conscience de ces fleurs, les fleurs et ton esprit étaient plongées dans le même calme primordial. Cependant, au moment où tu les as aperçues, ces fleurs ont soudain surgi dans un étincellement de couleurs luxuriantes. De cela, tu peux déduire que ces fleurs ne sont pas extérieures à ton esprit» (Wang Yang-Ming, 1472-1528)[4].

Car c'est l'univers qui est dans la conscience, plutôt que la conscience dans l'univers.

Depuis notre incursion dans la science du XXe siècle, le lecteur aura pu noter avec Louis de Broglie, que «la physique, science de la matière par excellence, aboutit à dématérialiser la matière et nous fait entrevoir un monde d'ondes et de pure lumière.» (James Jeans et Sir Arthur Eddington sont même allés plus loin: pour eux, le monde est pensée, esprit, non-matière.) De fait, la science des débuts, qui voulait sortir de la logique prédéterminée pour entrer en relation avec les choses et vérifier leurs comportements au moyen des sens, cette science-là n'existait déjà plus depuis Newton, qui fonda son corpus scientifique, non pas uniquement sur des observations, mais sur des observations contrôlées et justifiées par des équations mathématiques, donc par un univers abstrait.
En s'appuyant sur le monde des symboles et des chiffres, le savant créait *un univers mental*. Et c'est ainsi que le perçoivent les porte-parole de la science contemporaine. Le savant n'est plus en contact avec la réalité physique, mais avec son intermédiaire — une projection au plan mental. La grille mathématique est l'interprète, l'écran, le voile. Les savants les plus conscients reconnaissent aujourd'hui que la science ne peut connaître les choses telles qu'elles sont, ni se fier au monde des sens pour atteindre la connaissance des lois universelles, qui sont toutes des expressions abstraites et invisibles de ce qui se passe au plan concret. Le scientifique est un peu comme ce pilote d'avion supersonique qui ne regarde plus le monde extérieur dans lequel vole l'avion, mais concentre ses regards sur des écrans qui

interprètent pour lui toutes les données qui, désormais, échappent à ses sens et ne sont valables que sur le plan mental.

- Certains scientifiques des nouvelles générations adoptent des positions encore plus audacieuses. Selon ce qui s'appelle maintenant la «gnose de Princeton [20]», regroupant quelques savants importants — dont Stromberg, Weisskopf, Hoyle, Firsoff et Feynmann —, le monde extérieur, visible, est l'*envers* d'un *endroit* unique et fondamental qui en est la base. Cet «endroit» unique, que les savants appellent «champ unitaire supragravitationnel», est une conscience cosmique. Cette école affirme aussi que l'intelligence et la conscience que renferme un atome ou une molécule, loin d'être vagues ou inférieures à celles de l'être humain (à sa conscience rationnelle), lui sont même supérieures [13]. Cela suggérerait que le fondement, la substance cachée de l'être est plus consciente, plus englobante, plus universelle, renvoyant au niveau de conscience spirituelle, qui comprend et transcende les autres.
- D'autres savants, groupant David Bohm, Fritjof Capra, Lawrence Domash, Eugene Wigner et Brian Josephson, s'entendent pour considérer le niveau le plus bas de fluctuation atomique (l'état de vide — *vacuum state*) comme étant un réservoir de potentialités infinies, de fondement énergétique qu'ils appellent «flux cosmique», sorte de pulsation créatrice, acausale, intemporelle, englobant et dominant l'univers familier, et qui est analogue à ce qui se nomme « éternel présent», «Réalité suprême», «réalité fondamentale» de l'univers [13].

Ce groupe, auquel s'ajoute maintenant Karl Pribram, renverse totalement les notions telles que «vide», «réalité», «substance», «matière». Le vide n'est pas considéré comme le néant, mais comme la plénitude des possibilités. Toute cette énergie est présente dans l'espace vide et la matière telle que nous la connaissons n'est qu'une petite ondulation de surface sur cette mer immense qui est un monde «en réserve», «non déplié», ce que Bohm appelle «le monde impliqué». En toutes choses, l'essentiel des facteurs en jeu est l'immense océan d'énergie qui occupe ce qu'on appelle l'espace vide, mais qui, en réalité, est plein. L'espace de l'univers ne contient pas de vide: il n'y a que de l'énergie, soit potentielle, soit actualisée.

Pour David Bohm, qui avec Oppenheimer, travailla aux côtés d'Einstein, l'univers est matériel/spirituel, sans dualisme. Il pourrait, selon lui, «être également appelé Esprit, Conscience, car la séparation des deux — matière et esprit — est une abstraction: la base est toujours un[13].» Il ajoute que «ce que nous percevons par nos sens comme un espace vide est en réalité une plénitude qui constitue le fondement de toute existence, y compris la nôtre». «La théorie de Bohm, dit Rupert Sheldrake, propose qu'en général, il y a trois dimensions majeures de l'existence: l'ordre *expliqué* (déplié), l'ordre *impliqué* (non déplié) et une racine-fondement au-delà des deux. L'ordre expliqué est le monde des choses/événements séparées et isolées dans l'espace et le temps. L'ordre impliqué est le domaine dans lequel les choses/événements sont incluses (pliées) dans une unité complète, une totalité et une unité qui «sous-tend» le monde «expliqué» des choses séparées. La «racine-fondement» est foncièrement inqualifiable et totalement au-delà des symboles mentaux. Elle est semblable au Vide des bouddhistes, à l'Abîme des mystiques chrétiens, au *Nirguna Brahman* du Vedanta, etc.[15]». On retrouve ici les trois niveaux de conscience exposés au chapitre deuxième: l'expliqué correspond au monde des sens, l'impliqué au mental et la racine-fondement, au transcendant.

Selon Bohm, «la conscience existe dans toute matière. La cohérence de la pensée exige que nous acceptions sérieusement l'hypothèse que cette énergie gigantesque (la Conscience universelle) est une réalité, même si nos instruments sont incapables d'en révéler directement la présence. Ainsi naît une nouvelle notion d'une totalité continue, où la conscience cesse d'être fondamentalement séparée de la matière globale[15].»

«Le moi n'est qu'un moment éphémère au sein de la totalité, une multidimensionnelle infiniment plus vaste[15].»

«L'ordre impliqué, dans son intégralité, embrasse quelque chose de hautement subtil et intangible. Or c'est ce fondement subtil et impalpable que nous proposons de prendre comme base et source fondamentales d'action. C'est là un renversement complet de la procédure habituelle —, au lieu de dériver le subtil (mental) comme forme abstraite du tangible (physique), nous dérivons le tangible comme forme abstraite du subtil[13].» C'est la matière qui jaillit de l'esprit, qui expose celui-ci, le manifeste. La matière est la «montre» de l'esprit.

- Cette façon de voir se rapproche de ce que Karl Pribram, Fritjof Capra et d'autres appellent «holomouvement» (mouvement comme totalité): l'univers dans sa réalité profonde (l'ordre impliqué de Bohm) est un seul vivant, le mouvement fondamental est instantanément le même au cœur des éléments considérés (faussement) comme entités séparées. Chaque point de l'univers contient en profondeur toute la science de l'univers. «L'univers entier, reprend Costa de Beauregard, vibre à l'unisson, si l'on ose dire, avec une clarté cristalline[13].» Et Whitehead lui fait écho avec sa parole célèbre: «Tout est partout à la fois.» Le concept du holomouvement est sorti des découvertes touchant la technique appelée holographie, reprise par Pribram pour expliquer le fonctionnement du cerveau, comme une sorte d'hologramme qui interprète l'univers (qui est un) en expériences diverses et multiples (les sens). «Il n'y a pas qu'une seule réalité, rétorque Jack Sarfatti, mais toutes les réalités de tous les individus coexistent simultanément[3]» — idée soutenue également par Hugh Everett et Bryce de Witt, qui affirment que tous les univers possibles existent en fait[20].

- Reliée à l'idée du holomouvement, est celle du *bootstrap* (Geoffrey Chew), qui conçoit l'univers comme un tissu dynamique indéchirable d'événements interdépendants, de sorte que toute chose est reliée à tout le reste et rien n'y est fondamental. (L'autre image qui peut aider à comprendre est celle du filet de pêche, dont tous les nœuds sont reliés à tous les autres, et dont aucun n'est le centre unique.) Ainsi, la particule individuelle est moins significative par sa structure locale que par les liaisons qu'elle entretient avec tout le cosmos.
- Les hypothèses de Rupert Sheldrake se greffent sur les options précédentes. Sheldrake, un biologiste, ne conçoit pas que l'univers soit régi par des lois fixes et finales, mais que tout fonctionne par des *habitudes*, des directions qui, une fois prises, ont tendance à se reproduire. Sheldrake parle de «champs morpho-génétiques[15]», c'est-à-dire, de *patterns* d'énergies qui ont la capacité d'engendrer des formes (telles que les espèces animales ainsi que leurs divers comportements). Le niveau des «champs morpho-génétiques» est le troisième niveau de Bohm, celui qui transcende l'impliqué (potentialité) et l'expliqué (son actualisation).

- De son côté, Jean Charon met en évidence, dans les profondeurs de la matière, l'existence d'un espace-temps psychique dans lequel sont enregistrés et mémorisés tous les événements illustrant l'histoire d'un univers depuis la naissance de celui-ci. Les processus de la mémoire remonteraient bien au-delà de la formation des êtres vivants. Leur action prendrait naissance lors de la formation première de la matière elle-même, c'est-à-dire il y a environ 14 milliards d'années[13]. Selon Charon, «l'électron enferme en lui un espace ayant les propriétés des univers-trous, et témoigne donc non seulement de propriétés physiques mais encore de propriétés psychiques; ces dernières sont portées par la lumière enfermée dans cet espace, qui évolue à entropie* décroissante[13].» Les trous noirs sont en effet des systèmes concentrationnaires où le temps s'écoule à l'inverse du temps ordinaire (le temps du trou noir s'écoule du futur vers le passé). Au cœur du trou noir se trouve la semence du «trou blanc», qui fonctionne à l'inverse, et qui commencerait un nouveau monde.
- Enfin, le chimiste Ilya Prigogine[6] introduit dans la science actuelle une tout autre dimension. Selon lui, la matière newtonienne était passive et en dehors du temps. Il n'y avait pas de place pour la transformation ou la vie. Les modèles de laboratoires considéraient toujours la matière comme statique, en vase clos, sans échange avec l'environnement. En revanche, la mécanique quantique nous donne la capacité de décrire les transformations incessantes de particules en d'autres particules et d'introduire des concepts comme l'instabilité, les états de fluctuation. Mais même la mécanique quantique lui apparaît encore incapable d'intégrer le mouvement, la vie, la croissance, la transformation. Selon lui, la nouvelle science commença plutôt avec les

---

* Voir l'article suivant.

découvertes mathématiques de Fourier, qui formula les lois de la propagation de la chaleur. Les lois de la thermodynamique renverseraient les lois de la dynamique classique.
D'après Prigogine, il y a dans la nature des systèmes clos et des systèmes ouverts. Les premiers (ceux qui opèrent comme des machines) sont rares, alors que les systèmes ouverts, qui échangent matière, énergie et information avec leur milieu, sont les plus fréquents. C'est dire que la réalité est en grande partie bouillonnante, en désordre, en processus, en croissance, plutôt que, comme le voulait Newton, ordonnée, stable et équilibrée — intemporelle. En fait, affirme Jean Charon, «toutes les lois de la physique ne s'appliquent qu'à des systèmes isolés[3].» Mais selon le physicien D. Zeh, «il est impossible de considérer un système qui serait complètement isolé[3].» C'est peut-être à cause de cette condition de vase clos que la physique quantique débouche sur une sorte d'impasse, dont sembleraient la sortir les tentatives de Bohm, Sheldrake, Charon et Prigogine.

Il est donc évident que pour Prigogine, l'univers est en croissance continuelle, en mutation, en état d'instabilité, effervescent de fluctuations. L'univers tendrait constamment vers l'hétérogène, l'asymétrique*, le non-équilibre. Il y a, selon lui, deux processus thermodynamiques: les uns réversibles (indépendants du temps — ce sont les systèmes clos) et les autres, irréversibles (dépendants de la direction du temps — les systèmes ouverts). L'irréversibilité signifie que ce qui change suit la flèche du temps et, à cause de cela, est irrécupérable: ce qui est transformé, dans le feu, par exemple, ne retrouve jamais sa forme ou sa condition précédente. C'est ce processus que décrit l'entropie.

---

* «Si les particules et les anti-particules cœxistaient à nombre égal, toute matière serait anéantie. Nous vivons dans un monde non symétrique où la matière domine complètement l'anti-matière.[6]»

«L'entropie, selon Pribram, indique le taux de désorganisation d'un système[3].» Ce qui passe d'un état de non équilibre à un état d'équilibre, d'ordre ou de simplification, est sujet à la loi d'entropie. En revanche, quand il y a passage de l'équilibre vers le non-équilibre, on s'éloigne de ce qui est répétitif, simple, symétrique et indifférencié, vers ce qui est spécifique, complexe, unique, asymétrique, et donc improbable, non entropique — vivant, en relation instable avec le milieu. (Déjà, Pasteur voyait que l'asymétrie était la caractéristique de la vie, découverte dont Gregory Bateson fera un des fondements de sa philosophie de la nature.) «Nous savons maintenant, dit Prigogine, que la stabilité, la symétrie et la simplicité sont des exceptions dans la nature[6].»

L'entropie fut introduite en 1865 par Clausius. C'est l'indicateur de l'évolution ou, selon Eddington, «La flèche du temps». Pour tous les systèmes isolés, le futur est la direction de l'entropie croissante. Par l'entropie, le désordre moléculaire s'accroît, et la forme s'éloigne progressivement de l'asymétrie initiale (potentialité créatrice).

Or ce qui est remarquable, c'est que ce qui est perçu comme une perte, une décadence de la forme, une diminution d'ordre est en réalité ce qui permet la vie. Car la vie n'est pas possible sans irréversibilité (la flèche du temps), sans une perte continuelle. Ce que Prigogine appelle les «structures dissipatives» sont ces systèmes vivants, ouverts, fluctuants, instables, asymétriques, improbables et irréversibles. Ces structures perdent une énergie pour en absorber une autre. Elles sont en mutation incessante. Elles échangent constamment avec leur milieu et c'est cet échange qui les maintient en vie. L'image du tourbillon d'eau est ici éclairante: le tourbillon est une structure qui se maintient au prix d'une perte continuelle d'eau; c'est cette circulation d'eau qui, précisément, construit et maintient la structure du tourbillon.

Prigogine nous aura appris que ce qui manquait à la science physique ainsi qu'à toutes les connaissances qui veulent l'imiter, de même que, analogiquement, à tous les systèmes clos tels que les religions organisées et les milices, c'était l'incapacité d'intégrer la croissance — de vivre comme un monde ouvert, qui se maintient en apprenant, en changeant, en perdant son passé et ses assurances établies.

Il nous a du même coup appris que, à l'instar des processus non entropiques de la vie, les individus ne peuvent croître que dans une instabilité, dans des situations stressantes où le déséquilibre garantit une nouvelle étape de croissance, plutôt que d'être tout d'abord le signal d'une faillite. Il nous a enfin appris que tout l'univers soutenait la vie, comme une mère, son enfant, que s'il lui était opposé, aucune vie, qui est une gageure d'improbabilité infinie, ne serait possible. Non seulement l'univers n'est pas opposé à la vie, mais il n'est qu'une industrie de la vie, qu'un champ de vie, qui ne peut disparaître à travers ces rythmes continuels de naissances et de dégénérescences. La mort, c'est ce qui est nécessaire pour préparer une nouvelle vie, une vie de surcroît. La vie est la seule chose qui dure, et elle fait cela précisément au moyen et au travers de ce qui ne dure pas.

Chapitre troisième

La connaissance peut-elle être objective?

«Il doit exister un monde physique comme objet et un monde métaphysique comme sujet.»

Se-Won Yoon [3]

La science newtonienne/cartésienne ne voyait pas de relation entre esprit et matière — c'était ce qu'on appelle le dualisme. On y étudiait des systèmes et des phénomènes dont on avait auparavant soigneusement abstrait tout ce qui pouvait s'apparenter au subjectif. C'était un univers de quantités uniquement, dont tout le qualitatif était exclu: goût, odorat, toucher (surfaces), ouïe (sauf pour l'acoustique), le touchant, l'émouvant, le drôle, le tragique, le mortel, le sublime, l'inconscient, le beau, le moral et l'immoral, le juste et l'injuste, et, finalement, le transcendant.

Or, nous dit le savant Mitsuo Ishikawa[3], «la division cartésienne esprit/corps n'est appropriée que dans le cas où l'interaction entre l'esprit et le corps est négligeable. Les scientifiques se sont limités à étudier les phénomènes où l'interaction entre l'esprit et le corps était négligeable. Nous pouvons dire, poursuit-il, que la biologie et la science médicale ont été construites sur des données élaborées par des personnes dont l'inconscient ne croit pas aux effets de la conscience sur la matière. En d'autres mots, la science a eu affaire à des personnes culturellement «hypnotisées».» En effet, tout ce qui est humain lie indissolublement corps et esprit. Refuser d'aborder les dimensions où esprit et corps sont reliés, c'est exclure pour ainsi dire tout ce qui est proprement humain et qui donne valeur à la vie.

Mis à part le dualisme radical, on peut formuler trois conceptions principales du rapport esprit/matière:

1) La matière est fondamentale et la conscience (l'esprit) en est une conséquence ou, simplement, elle n'existe pas — c'est la matière qui se connaît elle-même (Marx, Hobbes, Comte, Skinner, etc.).
2) L'esprit est fondamental et la nature, c'est l'esprit se manifestant à lui-même (Hegel, Shankara).
3) Ni l'esprit, ni la matière ne sont fondamentaux, mais il y a quelque chose d'inconnu qui est plus essentiel que les deux et qui les sous-tend: le dualisme n'existe vraiment pas, et le fondement universel est toujours un (Bohm, Bergson, Nagarjuna, Kant, Bateson).

Selon la première catégorie, l'interaction entre l'esprit et le corps est minimale: l'esprit n'entre pour ainsi dire pas en ligne de compte, il est un «épiphénomène» — une dentelle autour de la robe. La réalité, pour ce genre d'esprit, c'est le monde des apparences. (Ce qui n'est pas tout à fait faux, dans la mesure où on s'en tient à ce que nous avons appelé le niveau physique de connaissance, celui des sens, qui ne connaît que le monde des phénomènes — apparences.)

En revanche, le second groupe est idéaliste et ne voit pas la matière comme chose importante, mais plutôt comme un voile qui cache l'essentiel. La réalité pour ce groupe, c'est le monde des idées et des pensées, dont tout le reste dépend. (Ce qui n'est pas non plus tout à fait faux, si l'on se place du point de vue du second niveau de connaissance: le mental.)

Enfin, le troisième voit l'univers comme une simple manifestation matérielle/mentale dont la racine, source de sève, n'est pas plus évidente que dans un arbre — un arbre dont la matière et l'esprit seraient autant les feuilles que les fruits —, mais dont la racine n'est pas non plus moins essentielle. Dans cette perspective, le monde fait de pensée et de matière est considéré comme secondaire par rapport à l'Énergie absolue qui est ce qu'il y a de plus réel. (Ce qui est évidemment juste en ce qui concerne le troisième niveau de connaissance, celui du transcendant. Et seule la dernière attitude permet à la matière et à l'esprit d'exister sur un pied d'égalité.)

Un jour, je regardais un court métrage de l'ONF intitulé *Zoom cosmique*. La scène centrale représentait un garçon à la pêche. La caméra opéra un recul et, par bonds rapides, replaça le paysage dans un contexte plus grand, toujours plus grand, allant jusqu'aux confins de l'univers, pour revenir ensuite vers le garçon; dans un second temps, à partir d'un moustique posé sur la main du garçon, on s'enfonçait dramatiquement dans l'abîme de l'infiniment petit, comme à travers un kaléidoscope sans fond, pour enfin rentrer dans la scène initiale. Ce qui pouvait apparaître comme une incursion dans un monde intérieur n'était, en réalité, qu'un voyage dans un univers purement *extérieur* (pays, astres, galaxies) et, ensuite, de surfaces apparaissant devant un microscope (corps, cellules, atomes). On n'atteignait au plus que de l'*interne* — un peu comme lorsque le chirurgien ouvre le corps: il n'atteint pas l'intérieur de l'être, mais du corps seulement. On n'atteignait jamais à *l'intériorité*, c'est-à-dire à cette dimension qui va de la sensation (vécue de l'intérieur par un je individuel) à l'émotion, à la pensée, à l'idée universelle (par exemple, la beauté), à l'intuition sans pensées, à une conscience pure sans objet (toujours vécues de l'intérieur *par un sujet*).

Le monde de la matière comme tel est un monde *projeté* par l'esprit, extériorisé par le sujet, au moyen des sens qui ont tendance à considérer comme corps étrangers tout ce qui n'appartient pas au corps propre. Car le mental est comme un *projecteur* — il projette ses soucis, ses peurs, ses attentes. Il ne voit pas les choses comme elles sont en réalité, de l'intérieur, comme leur occupant. Comme le disait le sage Héraclite: «Ceux qui dorment vivent chacun dans leur monde; ceux qui sont éveillés vivent tous dans le même monde.» Le monde est toujours une projection, une interprétation (depuis Whorf, Korzybski, Hall, les freudiens, les jungiens et les gestaltistes). La connaissance des choses en soi, de l'univers tel qu'il est, de la fleur, de la mer et de la vie telles qu'elles sont, est impossible au mental entaché ou grevé de préjugés, de projets et de peurs.

Le mental est en cela un peu comme une des grandes puissances politiques qui tenterait d'aider un pays sous-développé ou seulement de l'approcher: il est presque impossible que cette puissance ait une vision objective, neutre, vraiment compatissante de ce pays — il s'y glisse toujours des intérêts propres, des manipulations inconscientes ou inavouées, qui faussent toute la relation. C'est le monde typique de la politique.

Eh bien, en un certain sens, le mental aborde le monde «extérieur» également d'un point de vue politique — avec un désir secret de posséder, de dominer, d'exploiter, de soumettre l'univers à ses rêves, ou simplement d'éliminer ce qui l'offense ou s'oppose. Et aussi longtemps que le mental conscient n'est pas éveillé à tous les mobiles cachés qui le poussent à agir et à penser de telle ou telle façon, il ignore jusqu'à quel point sa vision peut être faussée, à quel point l'univers lui demeure inconnu. C'est-à-dire qu'*aussi longtemps que (et dans la mesure même où) le sujet ne se connaît pas lui-même, tout ce qu'il prétend connaître est faussé*.

C'est cette conscience par le sujet qui a fait défaut dans la civilisation occidentale, depuis les débuts du matérialisme scientifique. Le sujet était absent. La personne humaine avec ses tendances et ses déviations était ignorée, sous la pression des promesses scientifiques. L'objet seul importait, l'objet à connaître, à contrôler, à s'approprier. Le sujet — celui qui connaissait — était sans importance, qu'il fût vénal, peureux, mesquin, envieux, ambitieux ou simplement méchant. Si bien que le cerveau fut développé au maximum, alors que la mentalité qui motivait toute cette recherche, n'était jamais soumise à l'analyse, jamais remise en question. En réalité, on ne savait pas ce que l'on faisait. Le cœur n'était pas développé, ni l'intuition valorisée, ni la capacité de s'accepter et de s'aimer soi-même, ni la sensibilité à la race humaine comme ensemble indéchirable, ni le sens d'une certaine hiérarchie dans les valeurs, les connaissances et les priorités. C'était l'instrument — le mental — dont on ne s'était pas occupé, ignorant complètement combien il était influencé, faussé par les passions. On avait agi comme un chimiste ou un astronome qui ne nettoierait pas ses outils et qui aboutirait ainsi à des résultats erronés.

La science, malgré ses inconstestables et innombrables bienfaits, a abouti à la fabrication d'appareils de destruction, depuis la poudre à canon (que les Chinois connaissaient mais avaient eu la sagesse de ne pas développer), jusqu'à la bombe atomique, la bombe à hydrogène, la bombe au napalm, les armes chimiques. Car, il faut bien se le demander, à quoi peut-il servir de découvrir, d'une part, toutes ces médecines guérisseuses contenues dans nos pharmacies, si, d'autre part, on investit dans des inventions militaires de plus en plus destructrices?[3]

Je pense qu'apparaît ici, dans toute sa clarté, une des failles principales de la connaissance rationnelle. L'homme sous le contrôle de la raison ou de la logique (souvent nourrie ou défendue par une émotivité non reconnue) ne peut savoir ce qui est bon ou vrai, ni ce qui est profitable pour l'ensemble. Comme je l'ai déjà dit, la raison n'a pas de sagesse. La raison n'est pas au niveau qui puisse répondre de tout l'homme, puisqu'elle n'est pas à un niveau universel, transcendant, fondamental, et que l'univers lui-même n'est pas une entité rationnelle. Et parce qu'elle n'est pas à un niveau qui répond de tout l'homme, la raison peut être tiraillée d'un côté et de l'autre, selon l'appât des passions.

En fait, si on se donnait comme idéal la rationalité, on ne deviendrait jamais humain — on serait toujours moins qu'humain, peut-être même inférieur à l'animal. «La science doit redevenir l'«employée» de l'homme — un instrument spécialisé dans certains travaux», écrit le grand sage et maître spirituel américain Da Free John. «L'esprit verbal, ou l'hémisphère gauche du cerveau, n'est pas fait pour être le maître de l'homme. Ce n'est qu'un attribut, qu'une potentialité de l'homme[16].»

La raison (la logique) laissée à elle-même est une prostituée qui s'accommode de toute manipulation — politique, religieuse, criminelle. Comment peut-on poser des actes vraiment humains si la totalité de la personne, depuis son fondement jusqu'à son faîte, n'est pas engagée? Comment peut-on résoudre des problèmes à l'échelle terrestre et même cosmique si on ne reconnaît (donc n'utilise) pas ce qui, en nous, fonde toute relation, toute compréhension universelle? Comment peut-on créer un monde de paix, alors que la dimension paisible en nous — qui réside au-delà des passions et de la raison —, n'est pas entendue, reconnue, ou même acceptée?

La dimension rationnelle de la science — son aspect «objectif» — n'est pas nécessairement son atout le plus précieux, bien qu'on nous l'ait fait croire. La science comme telle n'est qu'un instrument, comme la raison, et si le scientifique n'en est pas conscient, il s'identifie lui-même à un instrument qui est toujours, ne l'oublions pas, l'instrument d'autre chose... La raison laissée à elle-même crée un déséquilibre. Chesterton disait même, par boutade: «le fou est celui qui a perdu tout sauf la raison». Et qu'est-ce qui lui manque? L'intuition, l'humour, la conscience spirituelle, la capacité d'établir des rapports justes avec tout le reste, donc la capacité d'aimer.

Mais la science se considère-t-elle aujourd'hui comme une connaissance objective? «Par la mécanique quantique, nous savons qu'il ne peut exister aucun phénomène totalement objectif, c'est-à-dire indépendant de l'état de l'observateur» (Josephson)[4]. En effet, poursuit dans le même sens Capra, «le trait essentiel de la théorie quantique est que l'homme est nécessaire non seulement pour observer les propriétés d'un objet, mais même pour que celles-ci deviennent une réalité... Autrement dit, l'électron ne possède pas de propriétés indépendantes de mon esprit[4].» Car «l'observateur est aussi un acteur», dit Costa de Beauregard[4]. De son côté, John Wheeler introduit l'idée qu'il faudra désormais remplacer observation par *participation*.

Josephson poursuit dans la même ligne de pensée que précédemment: «Corrélativement, tout phénomène subjectif présente une face objective[4].» C'est-à-dire que tout ce qui est *senti* par l'être humain, tout ce qui est *pensé*, imaginé, enduré, expérimenté, a autant de réalité que la pierre ou l'atome. La matière n'est pas plus réelle que l'esprit. En fait, l'un renvoie à l'autre (comme la parole à la pensée), et si la matière ne peut *exister* sans l'esprit, l'esprit ne peut *s'exprimer* sans la matière. La terre, le système solaire, la galaxie, l'univers même deviennent des sujets qui expriment l'esprit, tout comme le fait l'être humain. L'esprit, c'est, en somme, le sens de la matière, comme lorsqu'on dit: «La vie n'a pas de sens» ou «le sens de cette phrase est clair» — c'est son aspect *intelligible*.

«Le monde nous parlerait-il comme un esprit? demande Bohm. Je pense que nous en arrivons à un stade plus profond de la relation entre le sujet et l'objet, c'est-à-dire à une interchangeabilité. Le sujet devient objet, l'objet devient sujet; nous ne pouvons pas, dès lors, situer le sujet parce que nous ignorons où est l'objet, et nous ne pouvons pas non plus situer l'objet, parce que nous ne savons pas exactement où est l'objet[3].» C'est que le sujet (je) se perçoit toujours dans ce qu'il contemple à l'extérieur: l'univers est fait de la même substance, de la même façon que lui, il lui renvoie son image. Il y a partout une seule conscience répandue et exprimée à travers une multitude de formes. Et comme chaque corps humain contient toutes les substances physiques de l'univers, ainsi l'esprit humain est de la même substance que l'esprit qui anime l'univers. Car, comme dit le physicien Shrödinger, la conscience est une, jamais elle n'est plurielle.

«L'esprit est, de par sa nature même, un *singulare tantum* (seulement un). Le nombre total d'esprits est un, pas plus. Je me hasarde à appeler l'esprit indestructible, puisqu'il a un horaire qui lui est particulier, en ce que l'esprit est toujours *maintenant*. Il n'y a vraiment pas d'avant et d'après pour l'esprit. Il n'y a qu'un maintenant qui inclut mémoires et attentes. [...]».

«La conscience est un singulier dont le pluriel est inconnu; il n'y a qu'une seule chose et ce qui semble être une pluralité, n'est qu'une série de différents aspects de cette seule chose, produite par une déception (maya). La même illusion se produit dans une galerie de miroirs, et dans le même sens, Gaurisenkar et le mont Everest se sont avérés être le même sommet, vu de différentes vallées. [...] La pluralité que nous percevons n'est qu'une apparence; elle n'est pas réelle.

«De sorte que cette conscience d'être vous-même est essentiellement inchangée et numériquement une dans tous les hommes, et même dans tous les êtres vivants. Mais pas dans le sens que vous êtes une partie d'un être infini, non: vous êtes tout en tout. Ainsi, cette vie que vous vivez n'est pas simplement une partie de l'existence complète, mais elle est dans un certain sens, la *totalité*.

«C'est pourquoi, vous pouvez vous jeter par terre, étendu sur la Mère Terre, avec la certitude que vous êtes un avec elle. Vous êtes aussi fermement établi, aussi invulnérable qu'elle — et même mille fois plus ferme et plus invulnérable. Aussi sûrement qu'elle vous absorbera demain, aussi sûrement vous rendra-t-elle de nouveau à une nouvelle vie. Car éternellement et toujours, il n'y a que le *maintenant*, un et toujours le même; le présent est la seule chose qui n'a pas de fin [1].»

La relation qui existe entre objectif et subjectif est beaucoup plus subtile qu'on ne le croyait. «Les termes «objectif» et «subjectif» ne désignent que des cas limites», dit Josephson[4]. «Ce n'est pas toujours l'ego qui projette le monde, mais, à l'inverse, c'est parfois l'univers qui nous projette. C'est là une des vérités fondamentales de la grande pensée indienne.» (Daryush Sayegan)[4]. En effet, poursuit le physicien, «les langues orientales n'ont pas d'équivalent pour les mots objectivité et subjectivité. Cela n'existe ni en persan, ni en arabe, ni en sanskrit; cela veut dire, bien entendu, que c'est une tout autre façon de voir le monde qui est ainsi affirmée. Lorsque nous parlons d'objectivité/subjectivité, cela présuppose une division fondamentale entre le monde intérieur et le monde extérieur, entre la religion et la philosophie, entre la science et la méditation, divisions qui n'ont pas cours dans les pensées orientales. En fait, lorsque nous, Orientaux, parlons de l'univers, nous ne parlons pas de subjectif et d'objectif, nous parlons d'universel et d'individuel.»

La distinction entre le subjectif et l'objectif (les univers séparés) fait place à un seul univers où l'homme est de plus en plus intégré à la substance même de l'ensemble. Tout tend à être davantage comme une seule entité. «Ce que les parapsychologues appellent «psychokinèse», affirme Costa de Beauregard, doit logiquement être escompté. La «précognition» doit aussi être logiquement escomptée si le futur existe en acte... Et la télégraphie indirecte dans l'ailleurs, par zigzags de Feynmann, implique «télépathie» et «télékinésie»[4].» En effet, si tout est un à un certain niveau, le temps, l'espace, la conscience, la matière sont simultanés et présents dans une communication incessante. Il y a un ciment qui rassemble tout de l'intérieur: la conscience.

Cela rappelle la vision de David Bohm: les manifestations de surface (matière et mental) trempent dans une réalité silencieuse et insaisissable, mais qui constitue le lien universel, la sève de l'arbre total, et qui seule permet de comprendre les êtres à partir de leur racine. Ainsi, il y a une dimension individuelle (la conscience humaine) mais qui n'a aucune existence séparée de la conscience cosmique. Celle-ci existe non seulement dans l'être humain, mais elle est, en réalité, le Je ultime, le fondement, la racine dernière de tout être.

Le Sujet de l'univers serait ainsi la Conscience cosmique, et sa manifestation serait l'ensemble des consciences individuelles qui se promènent dans des corps, depuis la pierre, le virus, l'amibe, la plante, jusqu'aux animaux dits supérieurs. L'objet (comme opposé au sujet et distinct de lui) disparaîtrait. Le Sujet serait partout à la fois. Il n'y aurait plus d'*en dehors* ou d'*autre*. Seul existerait le Sujet, et ce que rencontrent nos yeux, dans le paysage ou sous le microscope, serait toujours ce Lui qui est Je — un Je qui n'a rien de l'individuel, du narcissique, du personnel que l'on qualifie habituellement sous ce pronom.

Bien loin de croire désormais que la science peut atteindre l'univers tel qu'il est; les savants comme Niels Bohr reconnaissent que «nous n'avons affaire qu'à une dimension symbolique.» À son tour, Sir James Jeans écrit: «Dans l'étude de la physique moderne, nous ne pouvons jamais comprendre ce que sont les événements, mais devons nous limiter à décrire en termes mathématiques des *patterns* d'événements; aucun autre but n'est possible. *Jamais* ces formules mathématiques ne décriront la nature elle-même. Ainsi, nos études ne peuvent pas nous mettre en contact avec la réalité[1].» Et Sir Arthur Eddington de reprendre l'idée: «L'exploration du monde extérieur par les méthodes de la science physique nous mène non pas vers une réalité concrète mais vers un monde fait *d'ombres et de symboles*, au-delà duquel ces méthodes sont *incapables* de pénétrer[1].»

En fait, conclut Ken Wilber, «quand le physicien «regarde» la réalité quantique ou relativiste, il *ne regarde pas* les «choses en elles-mêmes» (*noumenon*), la réalité directe et sans intermédiaire. Ce que le physicien regarde, ce n'est qu'un ensemble *d'équations abstraites* — non pas «la réalité» en soi, mais des symboles mathématiques de celle-ci[1].»

Mais si ce sont en fait des données mathématiques que le physicien atteint, ce sont donc des créations de son esprit.* Par conséquent, il regarde davantage *son* monde, ou lui-même, il ne perçoit pas le monde comme tel, ou du moins, ces formules mathématiques qui sont des *pensées* construites par son esprit créent un voile entre lui et la réalité profonde, c'est-à-dire une interprétation, une projection. Cette projection peut, bien sûr, être contrôlée par certaines expériences de laboratoire, mais c'est toujours un esprit contrôlant des émanations mentales. Du reste, le physicien pénètre de plus en plus dans un domaine qui est de moins en moins semblable à la science d'autrefois, dans un domaine qui ressemble plus à de la métaphysique, où le sujet doit, pour connaître adéquatement, se re-connaître lui-même au point que la connaissance qu'il a de lui-même devient la condition et la mesure de la connaissance qu'il peut avoir de tout le reste.

* «Le monde étendu dans l'espace et dans le temps n'est que notre représentation», dit Shrödinger[1]. «Les créations du mathématicien terrestre ne sont pas seulement dues à la pensée mais sont des pensées, tout comme les créations de l'ingénieur sont des engins. Il s'agit de structures de pure pensée. (...) Ainsi, l'univers ne peut être représenté matériellement, et la raison en est qu'il est devenu un simple concept. [...] Les lois auxquelles la nature obéit rappellent moins celles d'une machine que celles auxquelles se soumet un musicien composant une fugue, ou un poète écrivant un sonnet. [...] Une formule mathématique ne peut jamais nous dire ce qu'est une chose, seulement comment elle se comporte[1].» (James Jeans)

Chapitre quatrième

La Science et l'esprit

> «L'homme rendu aux physiciens retrouve, par eux, ce dont on le voulait priver: son essence spirituelle.»
>
> Aimé Michel

Mais n'allons pas trop vite. Il faut bien se demander si la science peut fonder ou suggérer une vision spirituelle. Et même avant cela, il faudrait savoir si la science est capable d'aller au-delà du monde mental; le second niveau indiqué au deuxième chapitre.

Plusieurs écrits très explicites de savants contemporains, sinon récents, nous indiquent clairement la situation.

Sir Arthur Eddington [1]:

> «Je n'ai pas suggéré que la religion ou le libre arbitre pourrait être déduit de la physique moderne; je me suis limité à démontrer que l'on avait éliminé certaines difficultés qui empêchaient de les réconcilier avec la physique.» Ailleurs, il précise: «Je répugne à l'idée de prouver les croyances de la religion à partir des données ou des méthodes de la science physique. Les mouvements les plus profonds de notre conscience, ajoute-t-il, viennent de ce qui est plus grand que notre personnalité — que nous le décrivions comme au-delà ou à l'intérieur de nous-même.»

«Tout ce qui s'est passé, remarque Ken Wilber, c'est qu'alors que la physique classique était théoriquement *hostile* à la religion, la physique moderne lui est tout simplement *indifférente*. C'est-à-dire que la physique ne fonde pas le mysticisme, mais elle ne le nie plus[1].»

Wolfgang Pauli[9]:

«Dans chaque effort pour savoir ou pour résoudre des problèmes, nous dépendons de facteurs qui échappent à notre contrôle, et que le langage religieux a toujours appelé la *grâce*.»

Albert Einstein[2]:

«La théorie de la relativité n'affecte en rien la religion. (...) Le but ultime et le désir de l'atteindre doivent venir d'ailleurs que de la science.»

«La science seule ne peut nous donner le sens des choses ultimes et fondamentales.»

Arnold Shrödinger[1]:

«La physique n'a rien à voir avec la religion. La physique prend son point de départ de l'expérience quotidienne, qu'elle prolonge par des moyens plus subtils. Elle demeure apparentée à l'expérience quotidienne, ne la transcende pas et ne peut entrer dans un autre domaine. (...) La science est silencieuse en ce qui regarde la grande unité universelle.» Et il précise: «Le vrai domaine de la religion est de beaucoup au-delà de tout ce que peut atteindre l'explication scientifique.»

Werner Heisenberg[1]:

«Parce que les formulations mathémathiques de la science n'atteignent jamais une valeur absolue, il est impossible de baser les actes de la foi sur notre compréhension scientifique de la réalité. La physique moderne n'est pas une philosophie cherchant à établir une vision du monde comme ensemble ou touchant à l'essence des choses.»

Abdus Salam[3]:

«Je ne crois pas que la science naturelle puisse tout expliquer. Je ne pense pas qu'elle puisse traiter de ce qui est derrière ou au-delà de la nature — de ce qui est la source du monde phénoménal. C'est là le domaine de la métaphysique.»

Brian Josephson[1]:

«La véritable essence des choses est à jamais inconnaissable par la science. Nous ne sommes pas en contact avec la réalité ultime.»

John Wheeler[10]:

«Jusqu'à ce que nous connaissions la vraie nature du monde, je pense que nous devons en cela dépendre beaucoup plus de ce que les sages du passé nous ont dit, que sur ce que la science pourrait nous en dire. Un jour, nous comprendrons la réalité comme une seule vision merveilleuse qui nous apparaîtra si simple et belle que nous nous dirons: «Comment avons-nous pu être si stupides? Comment cela aurait-il pu être autrement?».»

En somme, la science récente fait les affirmations suivantes:

— Qu'elle ne peut fonder une connaissance de la réalité ultime, puisqu'elle sait maintenant qu'elle n'atteint pas les choses en soi;
— que la religion ne peut être fondée sur aucune donnée scientifique, aussi audacieuse et suggestive qu'elle soit, comme le seraient les propositions telles que: rien n'est connaissable que par participation, le monde physique est un derrière

l'apparente multiplicité, le fondement de l'univers est conscience cosmique, etc.;
— que la science n'est pas opposée à la religion, mais ne lui est pas reliée, comme telle, sinon par complémentarité.

En effet, comme le remarque Ken Wilber [1], en s'inspirant d'Eddington et de Jeans, «Qu'est-ce que la nouvelle physique a appris aux scientifiques et qui manquait à l'ancienne science? Qu'est-ce qui, finalement, constitue la différence essentielle entre l'ancienne et la nouvelle physique, de sorte que celle-ci invite davantage à une vision spirituelle? La réponse à ces questions est que la science ancienne et nouvelle traitaient toutes deux d'ombres-symboles, qui n'atteignaient pas la réalité dernière, mais *la nouvelle physique fut forcée d'en prendre conscience et elle en accepta les conséquences.*»

Les ombres dont il est question renvoient à l'allégorie platonicienne, où la lumière solaire représente La Réalité absolue, inconnaissable directement (*noumène*), et les ombres qu'elle projette dans la caverne représentent les manifestations secondes — les apparences (*phénomènes*). Il faut ajouter que les prisonniers enchaînés qui ne perçoivent que des ombres sont les savants modernes dont la modestie était inconnue des savants des siècles passés, qui croyaient atteindre la Source lumineuse.

«Nous ne sommes pas en contact avec l'Ultime réalité... Nous sommes encore emprisonnés dans notre caverne, le dos à la lumière, et nous ne pouvons apercevoir que les ombres au mur. À présent, la seule tâche de la science consiste à étudier ces ombres, à les classifier et à les expliquer le plus simplement possible.» (Jeans)

«La physique, conclut Ken Wilber [1], répète avec insistance que ses méthodes ne pénètrent pas au-delà du niveau symbolique. Il est donc certain que notre nature mentale et spirituelle, que nous connaissons dans un contact intime qui transcende les méthodes de la physique, cette nature nous fournit précisément ce que la science avoue ne pas pouvoir donner.»

«Par la science, tu n'appréhendes que la science, tant que les réalités et les attributs des réalités ne se laissent pas saisir par la science. Le Seigneur n'est ni manifesté, ni voilé par aucune science, car les sciences ne peuvent conduire en sa Présence. Maintenant que tu connais cela, tu ne répondras plus à la science, mais à Dieu, et la science deviendra une voie d'entre tes voies vers Dieu.» (Texte islamique cité par Henry Bonnier[3]).

Ce qui pousse les scientifiques à s'ouvrir à la dimension spirituelle (le troisième niveau dont on a parlé au chapitre deux), c'est la reconnaissance que le mental (second niveau) ne peut de lui-même comprendre le spirituel, ni ravaler celui-ci au deuxième et, surtout, que le mental par lui-même seul ne peut satisfaire la quête de l'homme complet.

La justification complète de l'existence ne peut pas se trouver à un niveau qui est moindre que l'existence complète. Toute recherche qui n'est pas fondée dans la dimension qui englobe toutes les autres demeure insatisfaisante et ne peut pas ultimement se justifier. Cette situation évoque le fameux théorème du mathématicien Gödel, exprimé ainsi par le physicien John Wheeler: «Aucune théorie de la physique qui ne traite que de la physique ne peut expliquer la physique[1*].» Analogiquement, cette règle dit que la connaissance rationnelle ne peut se fonder, s'expliquer, se situer pleinement qu'à partir de ce qui la dépasse. Ou en d'autres mots, le second niveau (mental) perd son sens et sa direction s'il n'est pas *compris* dans une vision et une attitude plus grandes et complètes. Sans quoi, on se trouve dans la situation de la main qui tente de se saisir, ou de la langue qui tente de se goûter. Une partie

---

* Ou, plus formellement: «Il est impossible de démontrer la non-contradiction d'un système formel à l'aide des seules ressources qu'il contient lui-même[14].» (Jean Toussaint Desanti)

ne peut comprendre le tout, ni trouver par elle-même son sens dans le tout: c'est le tout qui lui donne son rôle et sa place.

«Nous ne pourrions parler de l'univers comme totalité, que si nous pouvions en sortir, c'est-à-dire que s'il cessait d'être pour nous l'univers entier. Mais l'univers pour nous ne peut avoir de frontière puisqu'il n'y a rien en dehors[17].» Eh bien, oui, il peut y avoir un au-delà même à l'univers, qui demeure une manifestation spatio-temporelle. Et ce qui est au-delà de l'univers, c'est la Conscience cosmique, qui n'est ni espace, ni temps, ni nombre. «Elle est une, sans second», c'est-à-dire, sans opposition, sans contraire — donc, sans comparaison et jamais connaissable comme une chose, comme le serait l'univers. À ce niveau-là (le troisième), il n'est pas d'autre explication ou d'autre fondement possible.

Les scientifiques affirment que la science en soi est une poursuite rationnelle qui, comme telle, n'invite aucunement à une vision spirituelle, mais qui, à cause de ses limites mêmes, pousse à explorer plus profondément le sens de la vie, donc à sortir du domaine mental rationnel. C'est donc dire que CE N'EST PAS LA SCIENCE QUI RETROUVE LA SAGESSE, MAIS CE SONT LES SAVANTS: que ce n'est pas la connaissance rationnelle, mais des *êtres humains* qui, à un certain moment, sont insatisfaits de cette connaissance rationnelle et veulent par conséquent lui trouver sa source, son dépassement, son sens complet.

Le sous-titre du présent livre se trouve par là même éclairé et justifié: *les savants retrouvent la sagesse*. En effet, la science ne peut devenir spirituelle sans se dénaturer: elle est une quête légitime, même nécessaire — aussi longtemps que ceux qui la poursuivent n'oublient pas qu'ils sont plus grands que leur raison, aussi longtemps qu'ils n'oublient pas le théorème de Gödel. Mais ce sont toujours des humains qui se spiritualisent, jamais une connaissance (neutre en soi), puisque l'expérience spirituelle est une aventure subjective, intérieure, personnelle, dont les critères d'authenticité sont portés par d'autres humains ayant eu la même aventure. Ainsi, la science demeure une exploration intuitive, qui est ensuite vérifiée par la raison, mais ce sont ceux qui la pratiquent qui peuvent et doivent poursuivre au-delà leur recherche, s'ils veulent atteindre la totalité de l'être et retrouver le sens de leur personne et de l'univers.

Chapitre cinquième

Les savants et l'Esprit

«Le but du progrès scientifique, c'est de faire ressortir toujours davantage la part mystérieuse des choses.»

Daisaku Ikeda [19]

Lorsque Arnold Shrödinger discutait de la conscience et de ses attributs — son intemporalité, son unicité à travers l'univers —, il ajoutait significativement: «Je parle maintenant «religion», et non plus «science» [1]». Avec lui, plusieurs physiciens ont reconnu que les questions métaphysiques traditionnelles (le sens de la vie, la réalité et le rôle de la conscience, l'existence du transcendant) n'étaient pas du ressort de la science, bien qu'elles puissent l'être du *scientifique*, c'est-à-dire de l'humain dont la vie embrasse la totalité de l'être — bien au-delà du domaine de la science. Tel était un des messages que les savants nous ont livrés au chapitre précédent.

Mais il en est qui pensent autrement. Certains savants, en effet, affirment que la science elle-même intègre (ou qu'elle pourrait, sinon qu'elle devrait intégrer) ces connaissances jusqu'ici réservées au philosophe ou au spirituel. Ou, comme le dit Prigogine: «C'est la science qui maintenant semble accorder de la crédibilité à l'affirmation mystique [6].» Déjà, en 1946, Arthur Eddington décrivait la physique comme «l'étude de la structure de la conscience [3].» Et Louis de Broglie pensait dans le même sens: «La science pure continue sans arrêt sa quête de l'ordre caché des réalités ultimes. La mission de la science pure est de percevoir toujours mieux l'ordre ontologique[1]» (l'être derrière les apparences: le *noumène*).

Plusieurs savants contemporains ont remarqué qu'il s'établissait de plus en plus un étonnant parallélisme, sinon un rapprochement profond, entre les découvertes de la physique de pointe et la vision spirituelle des grandes traditions, surtout celles de l'Orient. Les livres tels que *Le Tao de la Physique* (Capra), *The Dancing Wu Li Masters* (Zukav), *The Mystic, The Medium and the Physicist* (Le Shan), *Mysticism and the New Physics* (Talbot), sont révélateurs de cette tendance — à laquelle des critiques comme Ken Wilber se sont clairement opposés. «En effet, se dit ce philosophe spirituel, si on prétend fonder le spirituel sur la science, ou lui trouver un appui, une confirmation scientifique, qu'arrivera-t-il quand le paradigme scientifique aura changé et qu'il ne confirmera peut-être plus le mystique; cela signifiera-t-il que l'expérience spirituelle ne sera plus valable? Non, raisonne-t-il, l'expérience spirituelle ne repose sur aucun système mental, quelle que soit sa grandeur ou sa crédibilité. Il faut donc considérer comme séparées et distinctes (et maintenir ainsi) ces deux connaissances: le mental et le spirituel.»

Il reste qu'il faut reconsidérer certaines affirmations d'éminents savants. Par exemple, selon Heisenberg: «L'importante contribution scientifique en physique théorique qui est venue du Japon depuis la dernière guerre peut être l'indication d'une certaine relation entre les idées philosophiques de la tradition de l'Extrême-Orient et la substance philosophique de la Théorie quantique[1].»

De son côté, Jack Sarfatti écrit: «La nouvelle physique suggère que la conscience elle-même entre dans la fabrication de l'univers et affecte celui-ci: la matière et la conscience forment un *continuum*[6].» Dans le même sens, le physicien Toshiko Izutsu affirme que «la matière peut et doit se réduire à la conscience, à la condition rigoureuse que nous prenions la conscience dans son sens d'Esprit cosmique[4].

James Jeans disait aussi: «L'esprit est le créateur et le gouverneur de la matière [1]» — ce que les spirituels ont toujours su. De son côté, Eugène Wigner, qui obtint le prix Nobel en physique, confesse que «L'évidence que les objets physiques et les essences spirituelles ont une forme de réalité très semblables a beaucoup contribué à ma paix intérieure et, de toute façon, on ne connaît aucune autre conception qui satisfasse à la mécanique quantique [18].»

La tendance à reconnaître dans la nouvelle science un écho des philosophies orientales est répandue dans les ouvrages de Capra, de Schrödinger, de Domash, de Sudarshan et de Ishikawa, tous physiciens. Voici, en effet, ce qu'écrit ce dernier: «La conception fondamentale du monde (l'unité et l'interconnexion de toutes choses et de tous les événements) n'est pas seulement la caractéristique de l'expérience mystique orientale, mais elle est aussi une des révélations les plus importantes de la physique moderne. La dualité onde/particule, le continuum espace-temps en relativité, et l'interaction entre observateur et observé en mécanique quantique, en sont des exemples [3].» Et Capra lui fait écho: «Se libérer de l'envoûtement de maya (de ce qui est mesurable), briser les chaînes de Karma signifient réaliser que tous les phénomènes que nous percevons par nos sens sont les éléments d'une même réalité. Cela signifie qu'il faut expérimenter, concrètement et personnellement, que toute chose, y compris nous-mêmes, est Brahman [13].» Domash à son tour affirme que «la pure conscience est maintenant considérée comme l'ultime essence de l'univers, y compris l'univers physique [11].» Enfin, la *Gnose de Princeton*: «l'endroit (opposé à l'envers, qui est manifestation) désigné par les physiciens «champ unitaire supra-gravitationnel» est une conscience cosmique [13].»

Domash explicite ainsi sa pensée: «Le bruit fondamental (*essence noise*) est sans forme. Le bruit fondamental est pure absence de structure (*patternlessness*). Le bruit fondamental est l'Océan primordial du chaos d'où toutes les structures ont tiré leur forme. Plonger dans cet océan vierge de routes (*pathless*) peut être la prochaine aventure de l'espèce humaine, au cœur du mystère de l'Être, dans un voyage sans boussole, à travers la mystérieuse profondeur des pré-phénomènes, derrière le char audacieux de la physique[11].» (Ce niveau fondamental, appelé *essence noise*, évoque l'état de vide de l'atome (fluctuation minimale), et Domash considère que ce niveau est le même que ce que le spirituel oriental ou occidental appelle la Conscience pure ou Cosmique.

Dans une même direction, Niels Bohr se pose la question suivante: «Je ne vois aucunement pourquoi le préfixe «méta» serait réservé à la logique et aux mathématiques, et pourquoi il serait défendu en physique. Après tout, le préfixe suggère simplement que nous posons des questions plus avancées, par exemple, des questions qui traitent des concepts fondamentaux d'une certaine discipline. Pourquoi alors ne pourrions-nous pas poser ces questions en physique?» Niels Bohr se rappelait ici la fameuse citation de Confucius: «L'esprit dans sa plénitude est seul clair, et la vérité demeure dans les profondeurs». «Dans une discussion de ce genre, ce qui compte le plus à mes yeux, c'est que nous n'éliminions pas par nos paroles «les profondeurs où demeure la vérité». Ce serait adopter une vision très superficielle.[1]»

À travers les écrits et paroles de ces divers savants, on perçoit que la distinction entre spirituel et mental (métaphysique et physique, religion et science) tend à s'estomper, comme cela se pratiquait dans les anciennes traditions (les pré-socratiques, Platon, Pythagore, les maîtres spirituels et philosophes jusqu'à la fin du XVIe siècle et, surtout, les traditions orientales — Bouddhisme, Taoïsme, Vedantisme, Kabbale, Soufisme). D'aucuns pourraient croire que cette tendance signale la fin d'une science rigoureuse, la perte d'un esprit précis et exigeant, mais il y a moyen de voir cette attitude tout autrement:

comme un signe que les physiciens ont élargi leur vision du monde.

«La religion et la science sont deux faces d'un être unifié et ont des fonctions relationnelles comme sujet et objet. [...] Nous avons rappelé quelques exemples historiques de physiciens surmontant les limitations scientifiques au moyen d'une inspiration religieuse. [....] Un nouveau monde est en préparation si la religion et la science s'unissent.» (Se-Won Yoon)[3]

Karl Pribram confirme cette vision lorsqu'il écrit: «Les découvertes récentes de la science et les expériences spirituelles de l'humanité s'accordent enfin. Cela est un bon présage pour le prochain millénaire[3].» De son côté, James Jeans évoque le mystère de l'humour comme ayant une qualité semblable au sens spirituel, qui ne s'explique pas mais fait comprendre le reste: «Il y en a pour qui le sens d'une divine présence qui irradie de l'âme est une des choses les plus évidentes de l'expérience. À leur point de vue, un homme dépourvu de ce sens doit être considéré comme quelqu'un qui serait dépourvu d'humour... Il y a en nous une garantie du développement spirituel: c'est une recherche née avec notre conscience et qui est comme une Lumière intérieure qui prend racine dans une puissance plus grande que la nôtre[1].»

Car, dit Max Planck, «il ne peut jamais y avoir de vraie opposition entre science et religion. Ce n'est pas par accident que les plus grands penseurs de tous les temps étaient aussi des âmes profondément religieuses[1].»

Non seulement il n'y a pas d'opposition selon Jeans, mais «la physique présuppose un fond de scène qui est en dehors de son investigation. Dans cet arrière-plan, nous devons tout d'abord trouver notre propre personnalité, et ensuite peut-être une personnalité plus grande. L'idée d'un Esprit ou Logos universel serait, je pense, une inférence plausible à partir de la théorie scientifique actuelle.» [...] Je me tiens sur un seuil, à la veille de pénétrer dans une pièce[1].»

C'est ce fondement, cette profondeur, cet arrière-plan que reconnaissent certains savants comme faisant non seulement partie de leur recherche scientifique, mais fondant même cette recherche. Ce niveau profond qui s'appelait chez Platon les Idées (*eideia*: images), et que les archétypes de Jung ont en partie évoqués, semblent rappeler chez certains savants, ce fondement psycho-spirituel qu'ils cherchent au-delà de la science. «Platon lui-même ayant fait remarquer, avec la plus grande clarté, les possibilités et limites du langage précis, se mit à utiliser le langage poétique, qui évoquait chez l'auditeur des images suggérant une compréhension d'un tout autre ordre... La saisie des Idées est davantage une intuition artistique, une suggestion à demi-consciente, qu'une connaissance rationnelle. C'est le rappel de formes qui étaient déjà semées dans l'âme avant son existence terrestre.» (Heisenberg) [1]

Même Képler était au courant de ces vues, puisqu'il avait dû atteindre ce même niveau en lui-même. Voici ce qu'il écrit dans *L'Harmonie du Monde*: «Cette faculté qui perçoit et reconnaît les proportions des objets perçus par les sens et dans d'autres choses de l'extérieur, doit être attribuée à l'âme... qui ne pense pas de façon discursive (rationnelle) comme les philosophes, et qui n'emploie aucune méthode, et qui à cause de cela n'est pas le propre de l'homme seul, mais se trouve aussi dans les animaux sauvages et les chères bêtes des champs. Or, on peut se demander comment cette faculté de l'âme, qui pourtant n'utilise pas la pensée conceptuelle, et qui ne peut par conséquent avoir aucune connaissance des proportions harmonieuses, est cependant capable de reconnaître ce qui se présente dans le monde extérieur.

«Toutes les Idées pures et les formes archétypiques de l'harmonie, sont présentes dans ceux qui peuvent les appréhender. Mais elles ne sont pas tout d'abord reçues dans l'esprit par un processus conceptuel, puisqu'elles sont plutôt le produit d'une sorte d'intuition qui saisit instinctivement les rapports purs, et sont innées dans ces individus, tout comme le nombre des pétales dans une plante est inné dans sa forme initiale, ou le nombre de ses chambres séminales est inné dans la pomme [1].»

C'est ainsi que l'intuition des formes mathématiques serait inséparable de l'intuition de l'existence d'un Mathématicien caché dans les structures de l'univers. Une pensée analogue se trouve sous la plume de Harold Puthoff: «Lorsqu'un de nos sujets a terminé une expérience de PK (psychokinésie), nous lui demandons toujours: «Comment avez-vous fait? Que s'est-il passé en vous?» Et la réponse qui nous est toujours donnée est que la seule chose qu'a faite le sujet, a été, d'une certaine façon, de trouver où était la vie dans l'objet, et que l'objet était momentanément devenu quelque chose de vivant [4].» C'est-à-dire que le clairvoyant a atteint en lui-même la partie de son être qui est de même nature que l'objet. C'est le fond commun, universel, la conscience appelée cosmique qui embrasse et unifie toutes choses.

En effet, dit James Jeans: «Nos esprits ne sont pas séparés du monde, et les sentiments de joie ou de tristesse que nous avons, ainsi que nos sentiments encore plus profonds, ne sont pas seulement nôtres, mais sont des saisies d'une réalité transcendant les limites étroites de notre conscience individuelle. L'harmonie et la beauté du visage de la nature fait un avec la joie qui transfigure le visage de l'homme. Nous tentons d'exprimer une vérité semblable lorsque nous disons que les entités physiques ne sont que des indices de surface et que, derrière, il y a une nature qui est en continuité avec la nôtre [1].»

Semblablement, le physicien Mitsui Ishikawa, explorant la relation entre conscience et univers, écrit: «Dans l'état normal de la conscience, la connexion de notre conscience à la matière serait trop faible pour rendre détectable son interaction avec la matière. Quand l'état de conscience arrive à un état supérieur (*alpha* ou *theta*), l'interconnexion entre notre conscience et la conscience cosmique deviendrait plus forte, et l'influence sur la matière deviendrait détectable. Quand notre conscience devient purement la Conscience cosmique (possiblement à l'état *delta*), la conscience pourrait créer la réalité et le monde physique pourrait être condensé dans la conscience, comme cela est connu dans la méditation profonde[3].» Ainsi, la conscience purement physique est la plus étroite (individuelle) et la conscience spirituelle — le troisième niveau — est la plus universelle.

Plusieurs physiciens ont acquis une profonde et longue expérience de la méditation. Parmi les plus récents se trouvent Fritjof Capra, Jeremy Hayward, Lawrence Domash, Mitsui Ishikawa, et Brian Josephson. Ce dernier, gagnant d'un prix Nobel en physique, est un de ceux dont la démarche indique une nouvelle voie chez les scientifiques: celle de savants qui intègrent dans leur recherche des expériences d'intériorité. Il écrit: «La pure conscience (*samadhi*) est un état limite de la conscience, hors de toute atteinte ou trouble extérieur. (...) L'état de pure conscience n'a pas d'autre contenu indentifiable que d'être conscient[10].» Il poursuit avec plus de détails: «Les descriptions de l'expérience mystique indiquent quelque chose qui est beaucoup plus grand que ne le suggèrent nos images conventionnelles de l'homme. [...] Quand je commençai à voir les choses d'un point de vue plus élargi, je me rendis compte que les découvertes en physique n'étaient pas si importantes que je l'avais pensé. [...]. La méditation m'a permis d'utiliser l'intuition à un degré beaucoup plus grand qu'auparavant. [...] L'état de conscience supérieure atteint par la méditation s'ajoute à l'état de conscience quotidienne. On n'y perd pas la capacité de penser logiquement. On conserve la connaissance acquise comme adulte, mais aussi la capacité de se libérer des contraintes de cette connaissance. [...] Il y a sans doute quelque chose qui correspond à Dieu dans la réalité physique — une sorte de Je intégré, ou une conscience éveillée, ou un être du plus haut niveau d'intelligence. Ce niveau peut ne pas contredire les théories physiques que la science défend présentement. Mais mon sentiment est que ce niveau de réalité est précisément ce qui manque à nos théories contemporaines [10].»

En conclusion, il convient de citer ce passage du neuro-physiologue Karl Pribram: «Je pense qu'un bon scientifique n'est pas quelqu'un qui se contente toujours de faire des analyses. Des personnes comme Josephson, comme Bohm ou comme Capra ont entrepris la démarche contraire; ils ont essayé de synthétiser les sciences — et si nous faisons comme eux de façon adéquate, eh bien, vous verrez que nous aurons des révélations dans le domaine spirituel [3].»

Chapitre sixième

La philosophie retrouvée

«Si je comprends le maître zen Suzuki, c'est cela que j'ai essayé de dire dans tous mes écrits.»

(Heidegger, philosophe) [2]

Tous les savants mentionnés au chapitre précédent, en particulier Einstein, Heisenberg, Jeans, Eddington, Planck et Shrödinger, reconnaissent que l'intuition, qui est connaissance immédiate, synthétique et lumineuse, est la source réelle de toute connaissance, et que la raison qui est lente, analytique et ambivalente, donc peu fiable, vient en second. Au cœur même de la démarche scientifique, l'intuition joue le rôle principal: c'est elle qui fournit ce qui s'appelle l'hypothèse — cette tentative de percer un mystère ou d'expliquer un comportement — proposition que les étapes suivantes viendront vérifier ou infirmer. («L'intuition vient en premier, puis vient la logique», dit Eugene Wigner, lauréat du prix Nobel.) Il est donc, comme le dit expressément Heisenberg, «reconnu universellement que la reconnaissance immédiate (intuition) n'est pas une conséquence de la pensée discursive (raison)», mais que «c'est la grande interrelation entre divers éléments qui est tout d'abord reconnue, bien avant qu'elle ne soit comprise en détail par la raison.» Et il poursuit: «Comme le disait Pauli, toute compréhension commence par les processus de l'inconscient, longtemps avant que le contenu de la conscience ne puisse être formulé rationnellement [1].»

C'est pourquoi, Max Planck dira: «La science requiert un esprit qui croit. *Vous devez avoir la foi*. C'est une qualité dont les scientifiques ne peuvent se passer. La vision imaginative et la foi dans la réussite ultime sont indispensables. Le pur rationaliste n'a pas sa place ici[1].» En effet, ce qui semble motiver les savants, d'après les nombreux textes qu'ils ont écrits, c'est la confiance que l'univers a un sens, que l'ordre (sens du mot *cosmos*) existe à tous les niveaux, que l'on peut parvenir à comprendre l'univers et soi-même, que la science, enfin, est possible. Or, cette attitude vient d'au-delà de la raison, des tréfonds de la conscience non rationnelle, cet «inconscient» que j'appelle conscience profonde et sur-intelligente. Il est maintenant connu que toutes nos élucubrations, que nos discours et nos idéologies surgissent d'un fond non conscient et que c'est «inconsciemment» que l'on épouse ou défend telle ou telle doctrine.

C'est, du reste, par l'intuition, par la connaissance non rationnelle, que les scientifiques peuvent faire leurs importantes découvertes. Mais c'est par une intuition beaucoup plus approfondie et, surtout, expérimentée de façon subjective, à partir de leur être profond, que les savants peuvent dépasser la science et pénétrer dans le domaine qui s'appelle la connaissance transcendante, celle qui va au-delà de la pensée et de la raison.

C'est l'élément subjectif qui est la clé. L'expérience spirituelle est une expérience subjective — non en ce sens qu'elle est une fantaisie, une illusion ou une projection — mais au contraire, dans le sens d'une prise de conscience du Sujet que je suis, qui est le Sujet de l'univers même, la racine même de toutes choses — ce que les religions ont appelé Dieu, le Logos, l'Esprit, l'Être, Brahman, Atman, Allah, la Compassion, l'Amour-Tendresse.

Car cette connaissance/conscience qui se révèle comme étant le Je universel (et non plus individuel) est en même temps une compassion. Ce n'est pas une connaissance séparable de l'amour, d'une capacité de comprendre les êtres à partir de leur souffrance. La personne doit être complètement impliquée dans cette aventure pour y avancer, elle doit cesser de s'appuyer sur ses certitudes et pratiquer un abandon/confiance qui atteint le quotidien dans ce qu'il a de plus concret et matériel.

Par l'expérience spirituelle, on quitte le monde des certitudes, des assurances et des stabilités — cet apanage bien défendu par la science classique. C'est le monde en mouvement qui est le domaine du spirituel, le monde de l'apprentissage et de la croissance — où l'enseignant, le guide, la direction, n'est plus à l'extérieur, mais à la racine de soi-même. La dimension spirituelle est une attitude de confiance parfaite, d'acceptation/abandon sans limite et sans exception à l'égard de cette harmonie universelle, compréhensive, intelligente, silencieuse et impénétrable qui fonde, énergise et actualise tous les êtres. Cette intelligence est inconnaissable. Il est donc inutile de l'analyser. Tout ce que l'on en sait vient de l'intuition, née d'un silence et d'une respectueuse attente intérieure qui permet, en son temps et selon son rythme, à cette nouvelle attention de faire surface et d'envahir la vie consciente. Ce que l'on sait de cette Conscience, c'est surtout ce qu'elle n'est pas, puisqu'elle s'éveille dans la mesure où on quitte petit à petit toute allégeance à chacun des niveaux inférieurs de connaissance: les sens, les émotions, les pouvoirs psychiques, la pensée rationnelle. C'est ainsi que plus le spirituel l'emporte, plus l'aventure terrestre devient une danse, une spontanéité, une exploration, un émerveillement, un jeu. Plus on devient la Vie, plus elle nous vit et nous transforme, nous accomplit, nous mène où elle devait toujours aller.

* * *

La philosophie que nous avons connue pendant notre adolescence n'a pas du tout cette couleur-là. Ce n'étaient pas des philosophes qui nous enseignaient, mais des *professeurs de philosophie* — comme si la philosophie pouvait être un système que l'on enseigne. Il y a cependant, à travers les âges, des penseurs que je considère comme de vrais philosophes: Héraclite, Platon, Socrate, Shankara, Plotin, Marc-Aurèle, le Bouddha, Nagarjuna, Eckhart, Montaigne, Spinoza, Heidegger, Jaspers, Merrell-Wolff, Berdiaev, Georges Morel, Jacob Needleman, Shri Nisargadatta, Alexis Carrel, Arnold Shrödinger, James Jeans, Werner Heisenberg, Da Free John, Eric Edelmann, Christophe Kolm, E.F. Schumacher, Daisetz Suzuki, Krishnamurti...

Qu'est-ce à mes yeux que la philosophie? C'est tout d'abord, une quête initiée par une expérience spirituelle. Il me paraît impossible de faire de la vraie philosophie si l'on s'en tient au niveau de la raison et de la logique. Pas plus qu'il n'est possible de faire de la science si on n'utilise que la raison. C'est donc dire que ce qui s'appelle philosophie depuis quelques années, surtout depuis l'époque de la philosophie dite linguistique, inspirée de Wittgenstein, et qui a triomphé particulièrement en milieux anglo-saxons, n'est en aucune façon de la philosophie à mes yeux — quoique cela puisse être de la linguistique ou de la logique. Quand on ergote sur la teneur d'un mot et qu'on refuse toute réalité à ce qui est personnel, subjectif, intérieur — donc incontrôlable et invérifiable —, on se trouve au même niveau que le behaviorisme de l'école de Skinner, c'est-à-dire au niveau du matérialisme le plus exiguë. (Qu'on ait pu affirmer que l'esprit n'existait pas, alors que l'on passait son temps à «faire de l'esprit», à penser, à prouver des propositions intellectuelles, me paraît une des aberrations les plus incompréhensibles de l'humain — ou faut-il dire de la matière!)

Comment la philosophie a-t-elle pu s'enfoncer dans un cul-de-sac semblable? Eh bien, rappelons-nous que le triomphe de la science, dès le XVIIe siècle, a fait pâlir toute autre forme de connaissance. Si bien que toutes les disciplines se sont mises à se modeler sur la physique et la chimie (sciences «pures»), et cela de façon progressive, jusqu'au XXe siècle, inclus. Ainsi, les sciences dites secondes — biologie, botanique, physiologie, géologie, astronomie, agronomie — se sont mises à la remorque des sciences pures, se modelant sur elles, empruntant leurs critères de vérité et leurs méthodes. La philosophie, elle aussi, a pris ce tournant, ainsi que toutes les sciences dites «humaines» — psychologie, sociologie, anthropologie, politique. En fait, la philosophie se donna même pour mission d'expliquer la science. Même les connaissances plus récentes, telles la parapsychologie, la psilogie, ont rampé devant le Moloch Science afin de n'en pas être dévorées.

En ce qui regarde la philosophie, le discrédit jeté sur tout ce qui était spirituel, invisible, intérieur, mystérieux a tellement atteint les penseurs qu'ils se sont sentis comme honteux et coupables d'avoir osé admettre des choses si peu «objectives», si peu sérieuses, si peu substantielles. Le succès des sciences et de la technologie étant monté à la tête de tout le monde, il était devenu ridicule de donner foi à autre chose que la matière, le concret, le quantifiable. Si bien que l'on ajusta sa philosohie à la mode du jour (scientisme), ce qui mit fin à la philosophie.

Ce que l'on a oublié ici comme ailleurs, c'est encore le respect des trois niveaux de connaissance: le spirituel, le mental et le physique. Plusieurs des connaissances mentionnées plus haut n'entrent complètement dans aucune de ces trois catégories, elles sont intermédiaires, accentuant soit le personnel, le subjectif (individuel ou collectif), soit le comportement ou des valeurs cachées, mais aucune ne pouvait parfaitement se calquer sur le modèle des sciences pures. Là où l'intuition était plus importante, où la compréhension des individus ou l'interaction subtile avec les autres, entraient en ligne de compte, il était futile et inintelligent de vouloir en faire une science. *Mais cela ne veut aucunement dire que cette démarche ne soit pas une véritable connaissance, un savoir légitime, avec ses propres critères et un consensus d'experts dans le domaine.*

Pourquoi, du reste, n'y aurait-il pas une foule de connaissances, qui ne seraient pas des sciences officielles et qui seraient par le fait même non seulement aussi valables, mais peut-être plus que ces sciences? Quelle est cette fascination, cet aplatventrisme, cette reddition absolue devant la déesse Science? À cause de cela, ces diverses disciplines sont restées figées dans une attitude infantile et adolescente: elles n'ont pas atteint leur majorité et, jusqu'ici, cette maturation ne semble pas se faire très rapidement. Il faudra que chaque voie de connaissance trouve ses critères propres, ses lois, sa méthode et son langage. Ce qui est le plus regrettable en tout cela, c'est que les «sciences humaines» se calquent sur une science déjà démodée — celle de l'époque victorienne. Si au moins, elles s'inspiraient de la science de pointe. Mais non, ce qu'elles cherchent, ce n'est pas d'être de vraies connaissances, c'est d'être approuvées par l'aînée. Max Planck le disait bien: «Le pire qui pourrait arriver serait que l'on nous imagine une philosophie fondée sur une physique qui n'existe plus.»

Une philosophie, pour être authentique, doit, à mon sens, tremper dans une expérience vécue du transcendant. Si l'on veut atteindre le fond des êtres par la connaissance, il faut commencer par atteindre le fond de son être propre. Le *noumène* (l'incompréhensible niveau d'être qui dépasse le mental, mais qui donne vie et sens à tout — la Vie derrière tout vivant) n'est pas saisissable par l'extérieur: il ne peut être atteint que de l'intérieur, par le subjectif, *par un subjectif qui est à la fois universel*.

Ce n'est qu'en ayant acquis une compétence au troisième niveau de conscience (le transcendant) que tous les autres niveaux et ce qui en découle, pourront être saisis dans leur vrai rôle et situés à leur vraie place. Car le niveau du transcendant comprend (embrasse, inclut) tous les autres — non pas au sens où le spirituel comprend mieux la chimie que le chimiste, ou la culture des pois mieux que le jardinier — mais plutôt en ce qu'il comprend ce qui est important, primordial et fondamental, et ce qui l'est moins: il a le sens des valeurs relatives, justement parce qu'il est fondé sur ce qui donne valeur à tout le reste.

Il a une expérience qui est généraliste, non spécialiste: il est capable d'accorder à chaque élément le respect qui lui est dû, sans être dévié par le rationnel, le logique, l'apparent, l'émotif, le passionnel.

Le vrai philosophe est donc un métaphysicien. Quelqu'un qui est en recherche (il cherche la sagesse — sens du mot *philo-sophia*), à partir d'une expérience d'éveil qui le situe d'emblée au-delà des apparences (c'est le sens de *meta-physica*: après ou derrière les apparences physiques, la matière). Non pas parce qu'il voit peu de sens dans les choses et qu'il doit en chercher davantage, mais plutôt parce qu'il en voit tellement qu'il ne parvient pas à l'épeler complètement — un peu comme Einstein qui, dans une intuition instantanée, a saisi ce qui lui a demandé des années à coucher sur papier.

Le philosophe est un sage — pas un savant. Il ne sait pas beaucoup de choses, peut-être, mais il sait jouer le jeu de la vie. Il savoure la vie (saveur est près de sagesse — *sapere*), il savoure les choses au lieu de les penser. «Une différence fondamentale oppose le Sage indien au philosophe d'Occident, écrit le Docteur Roger Godel. Chez le Sage, toutes les activités psychiques — affectives, intellectuelles, spirituelles — sont harmonieusement intégrées par le fait même de leur orientation vers le centre; aussi, la conduite de sa vie est-elle en pleine conformité avec ce qu'il enseigne. Il n'a rien à cacher. Son existence est un livre ouvert — non point un manuel de morale, mais une formulation de l'éthique la plus haute. Peut-on en dire autant du savant occidental? Dans nos cultures, la philosophie a très tôt revêtu le caractère d'une spéculation mentale; elle concerne seulement l'intellect. On la voit se développer trop souvent en marge de la vie — parure pour la façade intellectuelle plutôt que fonction du cœur. Le philosophe pense la philosophie, le Sage vit la Sagesse[9].»

Selon cet homme, qui était un sage autant qu'un médecin, la vraie philosophie n'est possible que si on connaît son vrai je, non le moi de surface, mais le Je universel au fond de soi. Il s'agit ici de «connaître l'intériorité sans forme. Pour la connaître, il faut vivre avec elle, la laisser engloutir. C'est en se perdant en elle qu'on découvre sa véritable identité. Alors seulement sont dissipées les erreurs imputables à une fausse position du moi. Je cesse de m'identifier avec mon image corporelle et de me complaire dans ce reflet à la manière de Narcisse. Le flux des émotions, des pensées, des velléités et des actes qui s'écoule dans le champ de mon attention recèle son impermanence. Cela n'est point essentiellement moi, non plus que les configurations mobiles des multiples personnalités qui m'habitent[9].»

Ce ne sont certes pas les philosophes professionnels qui pratiquent la sagesse: plutôt, ils élaborent des systèmes rationnels, les uns plus compliqués et plus abstraits que les autres. Il y a pour moi plus de sagesse dans les pensées de Marc-Aurèle et les *Essais* de Montaigne, ou dans *L'Homme cet inconnu* de Carrel, que dans toute la «philosophie» de Sartre, Wittgenstein, Comte, Hume, Berkeley, Locke, Quine, Ayer, Russell ou même Kant, bien que lui aussi ait reconnu le monde du transcendant, mais en restant sur le seuil, sans y être entré. Il y a pour moi plus de sagesse dans le *Tao Te King*, les écrits d'Ouspensky, de Rudolf Steiner et de Ramana Maharshi, que dans tous les textes des marxistes et socialistes qui tentent de réduire la philosophie à de la politique.

Je pense qu'à notre époque, les vrais philosophes se retrouvent en partie parmi les savants tels que Shrödinger, Se-Won Yoon, Dr Godel, Dr Ravindra, Shayegan, Sudarshan, Prigogine, Jeans, Heisenberg, Einstein, Planck, Bohr, Eddington, Wigner, Bohm, L. Watson, Sarfatti, Domash, Ikemi, Capra, Izutsu, Ishikawa, Pribram, Josephson et Charon. Il y a deux exemples de démarches philosophiques que j'aimerais en particulier citer: *Le sens métaphysique de l'existence* selon Saint Jean de la Croix de Georges Morel (Aubier), et *Philosophy of Consciousness Without an Object* de Franklin Merrell-Wolff (Julian Press).

Ce que la philosophie a perdu, c'est son cœur, sa racine, sa direction. Comme le dit si bien Jean Toussaint Desanti, «La philosophie a perdu son lieu de naissance.»[14] Et pourquoi? Parce que «l'Horizon du monde est devenu celui de notre raison».

Or, la raison ne mène nulle part. Elle est statique, elle évite la vie, elle n'aime pas l'instable, le changeant, l'obscur, l'inclassé et l'inclassable. Elle ne peut guider, son rôle étant d'analyser, d'expliquer, de mettre en ordre. Ce qui *crée* des raccordements, des liens, des analogies, ce n'est pas la raison mais l'intuition, qui baigne dans l'inexplicable énergie, la pure spontanéité, l'intelligence créatrice. C'est par l'intuition seule que la philosophie peut reprendre son sens et son mouvement si elle veut devenir, dans les termes de Desanti, «un discours vraiment fondateur».

Qu'est-ce qui alors distinguerait philosophie, science, spiritualité, ou mieux: le philosophe, le savant et le spirituel? Seulement les outils, les moyens, les méthodes. Nous avons déjà vu ce que peuvent être des savants qui vivent aussi sur un plan transcendant. Voyons maintenant les philosophes et les spirituels. Le philosophe, puisant dans son expérience spirituelle, peut organiser les savoirs, les éclairer à partir de leur rapport avec le spirituel, faire comprendre ce qu'est la connaissance, qu'elle soit spirituelle, scientifique, esthétique, émotive ou sensorielle. Il peut traiter de tous les sujets de la philosophie classique, en particulier, du fondement de l'être de la composition de l'homme, du rôle du corps, du mental et du spirituel ainsi que de leurs relations, de même que du rôle de leurs composantes respectives. Il peut, en somme, éclairer les humains qui, aujourd'hui, se posent tant de questions dans le domaine de la conduite morale. Car son rôle est de montrer (*darshan* — montrance, révélation, en sanskrit), et son enseignement n'est possible, bien sûr, que parce qu'il demeure en quête, en croissance, vulnérable et ouvert à ce qui est toujours inconnu et qui résiste à la congélation du concept ou du système.

De son côté, le spirituel est celui qui vit dans l'abandon et la conscience cosmique et qui s'en fait l'instrument. Il peut diriger et éclairer des individus sur cette voie, mais il n'est pas tout d'abord un enseignant. Il est un témoin de la réalité. C'est sa vie qui témoigne, et non pas tout d'abord ses paroles. C'est pourquoi il peut se taire et ne répondre qu'aux questions qu'on lui pose.

Le spirituel est l'être humain qui a atteint le sommet de l'éveil, de la connaissance, de la compréhension — de la sagesse. Cela ne veut pas du tout dire qu'il soit parfait. En effet, peut-on être parfait? Est-il même requis de l'être?

Selon ma façon de penser, être parfait — c'est-à-dire, n'avoir aucun défaut, être sans faiblesses, ne jamais se tromper, être irréprochable de conduite, etc. — est impossible et d'ailleurs indésirable, pour autant qu'une course à ce genre de perfection engage dans le narcissisme. Chaque niveau de l'être contient des possibilités ouvertes, sinon infinies. Au niveau physique, on peut toujours avoir une plus grande sensibilité, être de taille plus affinée, avoir plus de beauté, être plus en harmonie, jouir d'une meilleure santé, être moins imparfait aux plans cellulaire, sanguin, organique, musculaire, glandulaire, etc.

Si l'on considère le niveau émotif, il est évident qu'il y a chez la plupart des humains des ajustements à faire, des expériences plus vastes et profondes à intégrer, une connaissance de soi plus complète à atteindre, et surtout, une capacité toujours plus grande d'entrer en relation avec les êtres et la vie.

De même, au niveau mental, intellectuel, artistique, toute amélioration est toujours possible. On ne peut avoir tous les talents, et les pratiquer tous à la perfection.

Cependant, il est possible d'être parfait au point de vue spirituel à travers moultes imperfections de tout autre ordre. Cette perfection, je la vois comme la capacité d'accueillir, de comprendre, de reconnaître — d'accepter à fond et sans condition les *imperfections* et limites des êtres, en commençant par les siennes propres. (De la même façon, être libre, serait à mon sens, accepter pleinement les contraintes et limites de sa vie.) La conscience illimitée peut très bien illuminer un être en tous points limité.

La compassion d'un être n'a, en somme, rien à voir avec le nombre de ses talents ou réussites. Les êtres dits réalisés sont en ce sens parfaits. Ce serait du reste une erreur — si souvent commise — d'exiger que ces êtres d'une parfaite justesse de cœur et de compréhension soient en plus sans faiblesse humaine, sans aucun défaut. Ce qui est parfait chez un sage, c'est le cœur; ce n'est pas la langue, le corps, ou même la sensibilité. Je connais des êtres réalisés dont le flair artistique est lamentable; certains ne savent parler qu'une langue, et quelques autres sont analphabètes.

Si, comme je le pense, ce qui peut être parfait chez l'être humain est l'acceptation inconditionnelle de toute imperfection chez soi et chez les autres, cela ne veut évidemment pas dire qu'il faille accepter d'en rester à son niveau inculte, aux plans intellectuel, physique ou émotif. Toute la tradition spirituelle, à travers les êtres et les cultures*, reconnaît que l'individu doit, pour devenir complet et se transcender, passer par les étapes normales du développement. On dit qu'il est impossible de devenir spirituel sans avoir expérimenté la gamme des expériences psychiques, émotives et mentales. Avant d'être *normal*, dit Arnaud Desjardins, il faut être passé par le *pré-normal* et avant d'être *sur-normal*, il faut être devenu normal. L'enfant d'un an est pré-normal, ou pré-personnel; il doit devenir personnel, capable de se défendre, de se placer dans la société, de gagner sa vie, de s'exprimer lui-même

* Voir mon livre, *Un Torrent de Silence* (Éditions De Mortagne)

— ce qui serait un développement normal —, avant de pouvoir intégrer l'étape finale du trans-personnel, du trans-égoique, du sur-normal. (Ouf! quel langage.) De leur côté, le psychotique, l'autiste, le schizophrène ou le drogué pourraient être considérés comme *a*normaux, *dé*-personnalisés, bien que les travaux de Ronald Laing et Thomas Sasz nous aient appris à regarder ces «anormaux» comme protégeant une expérience surnormale derrière un écran de «folie».

Il n'est pas de chemin court pour arriver à la perfection spirituelle. On ne transcende que ce que l'on a traversé à fond. C'est donc dire que s'il n'est aucunement requis d'être parfait aux niveaux physique, émotif et mental, c'est toutefois à travers les expériences de chacun de ces niveaux vécus à fond et en toute honnêteté que le dépassement, l'éveil, la transformation pourront un jour se réaliser. Si ces expériences ont été assumées, reconnues, traversées de compassion, de lumière et de cette joie qui vient de l'acceptation complète, les trois niveaux deviendront alors des centres de rayonnement et leurs imperfections de disposition ou de forme seront lavées dans un bain de lumière qui rend transparent ce qui était opaque, alourdissant, inhibitif.

En regardant les choses à partir de l'éclairage présent, bien sûr que le spirituel et le métaphysicien n'ont plus de rôles aussi distinctifs qu'auparavant. Et pourquoi faudrait-il qu'ils en aient? Qui a déterminé que la sagesse doit être *un système de philosophie* plutôt qu'une vie? Et qui a décidé que les savants doivent exclure de leur recherche ce qui est subjectif, intérieur, personnel? Dans les traditions anciennes, le philosophe était autant un être spirituel qu'un savant. C'est peut-être vers cette synthèse que l'on se dirige aujourd'hui.

Il y a tellement de façons d'être un sage et de laisser la vie enseigner à travers soi: par la poterie, la peinture, la musique, l'architecture, la marche, le ski de fond, la nage, la lecture, la contemplation du ciel, le rire, les larmes, le plaisir, la pâmoison de l'orgasme, le goût d'une pêche ou d'une sole ou d'un bordeaux, un rêve, un sourire, un décès, l'accueil de l'inconnu, l'accompagnement d'un mourant, le silence intérieur, la patience, l'acceptation de ce qui vient, la force de dire oui sans arrière-pensée et sans regret. C'est la vie qui est sagesse, ce n'est pas la pensée.

Il faudra que nos intellectuels apprennent à voir plus loin que leur tête — à reconnaître que la pensée est une façon incomplète, limitée et faussée, de connaître la réalité, de se connaître soi-même. Comme le disait le poète Prévert: «Le mental ment monumentalement.» Mais cette boutade doit être expérimentée au-delà du jeu de mots si l'on veut rentrer dans la quête de sagesse que constitue la philosophie.

Si on lit des ouvrages de Krishnamurti, en particulier *L'Éveil de l'Intelligence* et *Se libérer du connu*, on peut se rendre compte de ce qu'est un vrai philosophe qui est en même temps un des plus grands spirituels de notre temps. Or Krishnamurti n'a lu aucun livre spirituel, philosophique ou scientifique! Il est éclairant aussi de lire les dialogues entre Krishnamurti et le physicien David Bohm (dans le premier ouvrage), pour s'apercevoir qu'à un certain moment de la conversation, il n'y a guère de distinction entre la pensée du physicien et celle du métaphysicien, puisqu'à travers deux cerveaux individuels, une même intelligence universelle se révèle.

Il y eut une époque, dans l'ancienne Grèce, où les philosophes étaient des sages. Il est étonnant de voir qu'en parcourant les écrits des savants du XXe siècle, on puisse reconnaître une si profonde et étrange ressemblance entre les anciens et les modernes. Je laisse au lecteur le soin d'établir lui-même ces rapprochements — qui pourraient aussi bien se faire avec des textes védantistes, bouddhistes et soufis. Voici des extraits de philosophes présocratiques:

Thalès:

«Il existe une substance unique appelée «illimitée» (*apeiron*), qui est à la source de toutes choses.»

«Les opposés eux-mêmes se trouvent d'abord dans la substance primordiale, sans forme, qui par la suite, se différencie.» (rapporté par Simplicius)

«Le fondement des choses (*archè* — qui peut selon Aimé Michel se traduire par l'expression anglaise *essence noise*) n'a pas d'origine mais est à l'origine de tout, embrasse et dirige tout.» (rapporté par Aristote)

Anaximène:

«De la substance primordiale procède tout ce qui est, a été ou sera, y compris les dieux et le divin.» (rapporté par Hippolyte)

Héraclite:

«Alors que le Logos est universel, la plupart vivent comme s'ils avaient une compréhension individuelle.»

«Ne m'écoutant pas moi-même, mais le Logos, il est sage de reconnaître que toutes choses sont une.»

«C'est la même voie qui monte et qui descend.»

«Dieu est jour nuit, hiver été, guerre paix, satiété faim — tous les opposés.»

«Pour Dieu, toutes choses sont belles et bonnes et justes, mais les hommes en voient qui sont injustes, d'autres justes.»

«La vraie constitution des choses tend à être cachée.»

«Un lien non apparent est plus fort qu'un lien apparent.»

«Si l'on ne s'attend pas à l'inattendu, on ne découvrira jamais, puisque ça ne peut être cherché, et que c'est difficile à contenir.»

«Tout est en processus, rien ne demeure tranquille, les choses sont comme une rivière: vous ne pouvez descendre deux fois dans le même courant.»

«Toutes choses sont en mouvement constamment, mais cela échappe à notre perception.»*
«Ce monde-ci n'a pas été fait par les dieux ou les hommes, mais il a toujours été et sera toujours: un feu éternel qui s'allume, s'éteint et se reprend.»

«Le soleil est neuf chaque jour.»

«Je me suis cherché moi-même.»

«Vous ne pouvez trouver les limites de l'âme, tant elle est profonde.»

Il existe plusieurs auteurs récents qui pratiquent ce qui, à mon point de vue, est de la vraie philosophie. Voici quelques-uns des plus importants:

Jacob Needleman, *The Heart of Philosophy* (Bantam)

Eric Edelmann, *Métaphysique pour un passant* (La Table Ronde)

Arnaud Desjardins, *Un grain de sagesse* (La Table Ronde)

Franklin Merrell-Wolff, *The Philosophy of Consciousnous Without an Object* (Julian Press)

Jean-Christophe Kolm, *Le Bonheur-Liberté* (PUF)

E.F. Schumacher, *A Guide for the Perplexed* (Abacus)

Da Free John, *The Knee of Listening,*
The Enlightenment of the Whole Body (Dawn Horse Press)

Krishnamurti, *Se Libérer du connu* et L'Éveil de l'intelligence (Seuil)

---

* «La réalité physique n'est pas solide, c'est comme si on marchait sur des essaims grouillants d'abeilles.» (Eddington) [1]

Mais il ne faudrait pas s'étonner que ces ouvrages soient si peu connus des facultés de philosophie: avant que ces philosoiphes/sages ne soient intégrés aux classes de philosophie, il faudra que les professeurs eux aussi aient été touchés dans leur cœur.

Chapitre septième

Le langage pris au mot

«La matière est quelque chose que je construis mentalement, à partir de mes sensations.»

Roger S. Jones, physicien

Il nous faut reprendre en entier la question du langage scientifique et de son pouvoir de construction, d'invention, d'illusion. Son réseau hypnotique. Cette question est capitale en ce que la plupart des professeurs de sciences et même les scientifiques en général, comme les professeurs de philosophie, sont loin d'avoir atteint une vision de sagesse, c'est-à-dire d'avoir unifié leur tête et leur cœur et transcendé leur langage.

La physique quantique (surtout dans son interprétation de Copenhague) reconnaît que toute connaissance en physique est aussi subjective qu'objective, puisque l'intervention du sujet observant les phénomènes est inséparable de la présence, peut-être même de l'apparition, de ceux-ci. La science récente reconnaît aussi que jamais le physicien n'entre en contact réel avec les choses, mais qu'il ne fait que toucher à la réalité par le truchement de chiffres, de points ou d'équations mathématiques.

C'est ce voile, qui sépare le savant du cœur de la réalité, de même que l'impossibilité pour le savant d'être séparé des choses étudiées, qui constituent l'ambiguïté de toute connaissance scientifique. *Le savant n'est jamais en contact avec le fondement des choses, précisément parce que (ou dans la mesure où) il voit ce fondement en dehors de lui.* Et du même coup, *le savant ne peut connaître la réalité des choses comme extérieure à lui, mais toujours comme participée — justement parce qu'il n'est pas séparé de ce qu'il conçoit comme «extérieur».*

Ce qui relie l'esprit du chercheur à l'objet extérieur, c'est la conscience commune au chercheur et à la chose; ce qui sépare le chercheur de la chose, c'est l'écran du langage symbolique qu'il prend pour réel et qui, à cause de cela, l'empêche de le voir comme sa propre projection. C'est-à-dire que ce qui crée l'écran, c'est l'inconscience, alors que ce qui crée l'union, c'est la conscience.

Le langage scientifique sépare en même temps qu'il hypnotise. Le physicien ordinaire ne se rend pas suffisamment compte que c'est lui qui crée ce qu'il perçoit et qu'il s'arrange pour former des réseaux et des pièges mathématiques et mentaux pour attraper, saisir, comprendre et expliquer la réalité.

Ainsi, par ses formules, la réalité lui apparaît compréhensible. Einstein ne disait-il pas que ce qui est incompréhensible dans l'univers, c'est précisément qu'on puisse le comprendre? Mais en voyant la réalité physique lui révéler ainsi ses secrets et montrer que l'ensemble de ses formes et figures sont perméables aux patterns de l'esprit et même mystérieusement parallèles à celui-ci, comme le miroir qui renvoie l'image, le physicien ordinaire ne se rend pas compte que c'est lui, qui, par ses formes mentales, a aménagé l'univers, de sorte qu'il s'y ajuste parfaitement. Ses inventions mathématiques sont des moules prédisposés à recevoir dans leur concavité la convexité du monde «extérieur». Ou, comme on dit familièrement au Québec, «c'est arrangé avec le gars des vues» — prévu par le meneur du jeu.

Par ses formules et symboles mathématiques, le savant ordinaire crée les structures qui rendent l'univers compréhensible, mais en faisant cela, c'est lui-même, sans le savoir, qui crée la compréhensibilité de cet univers. Ce processus est analogue à celui du langage ou de la musique. Le langage crée un réseau de symboles qui «attrapent» les objets de l'univers dans leurs filets. Ensuite, en pratiquant cette langue, l'individu n'est plus étonné de voir que l'univers (c'est-à-dire son univers, celui de sa langue) est compréhensible à travers les mots du langage. L'univers qu'il comprend est un univers *linguistique*, c'est-à-dire mental.

Or c'est justement parce qu'il a nommé chaque chose d'un nom arbitraire et ramené chaque chose à un symbole qu'il peut désormais rappeler, évoquer et contrôler par ces mots mêmes la pluralité des choses. L'individu croit que ce sont les choses que captent les mots arbitraires. Ce qu'il oublie c'est que ces mots ne saisissent rien du tout. C'est le mental qui les investit de sens, du sens qu'il croit que représentent les choses extérieures. Ainsi, le réseau du langage devient un piège autant pour celui qui le parle que pour l'univers qui s'y mire. (Je parle encore ici du point de vue du savant qui voit les choses en termes de dualité.) Et le monde apparaît avoir un sens uniquement parce que l'esprit y en a mis par le truchement de ce filet de mots. Le sens se trouvait toujours dans l'esprit — non dans la nature «en dehors» de lui. (Le sens est en fait un autre mot pour l'esprit.)

L'autre exemple peut être tiré de la musique. Jean-Sébastien Bach crée la fugue — une forme musicale extrêmement complexe qui suscite un grand nombre de «surprises», de «détours», de «fuites», d'«inversions», de «rappels» du thème et de son contre thème posés au point de départ. Le compositeur crée la forme (le canon) qui rend possible une répétition réglée des thèmes. Les entrées sont toutes prévues par la structure même. Le langage utilisé est tout piégé à l'avance. Et, cependant, les détours, les feintes, les voiles sont si bien aménagés qu'on a l'impression, en écoutant la fugue, que tout est spontané, surprenant, nouveau, même imprévisible. Telle est l'habileté du compositeur, qui *compose* réellement un univers, un temps/espace unique dans lequel l'esprit se perd, se renouvelle, s'étonne, *se structure*. (On peut se reporter ici aux gravures d'Escher.) On est surpris de constater combien le sens se trouve révélé par le déroulement sonore — un sens qui ne s'y trouve que parce qu'il y a été mis.

L'auditeur s'est laissé prendre au piège. Toute autre musique, moins serrée que la fugue, comme par exemple une symphonie de Brahms ou une chanson de Duparc, offrirait des conventions, des prévisions et des surprises semblables. Le langage utilisé est vraiment *créé sur mesure*. Il est toujours et uniquement une fabrication, une projection mentale (comprenant émotions et sensations). Ainsi, l'esprit se crée un miroir pour s'étonner d'y apparaître, pour se surprendre à s'y reconnaître.

Parallèlement, les Berbères utilisent quelque quatorze vocables pour désigner le sable, et les Esquimaux plusieurs adjectifs pour décrire les nuances de la neige. Est-ce dire qu'il y a objectivement, en fait, quatorze sortes de sables? Non, mais il peut y avoir quatorze façons de voir le sable. Le *sable-vu* a quatorze facettes pour ceux qui ont des yeux pour les voir, c'est-à-dire que ces facettes sont des créations de l'imagination et d'une sensibilité très développées. Ces quatorze facettes sont, en réalité, quatorze facettes de l'*esprit* Berbère. Mais le sable-vu ou la neige-vue peut avoir encore plus d'angles ou d'aspects — ils ne deviennent qu'un instrument de l'invention ou de l'imagination créatrice: une rampe de lancement, un prétexte, une suggestion.

Semblablement, les Hopis n'ont pas de mots pour le passé ou l'avenir. Ils régionnent l'univers autrement et à cause de cela, telle dimension n'existe tout simplement pas. (Comme le promeneur qui n'a d'intérêt que pour les caméras et les ordinateurs ne verra que les magasins où on en vend et sera sans yeux pour le reste.) De la même façon, les Indiens ne connaissent pas l'expression possessive «mon», «mien», «ma». Leur univers de relations se découpe autrement et à cause de cela, ils ne perçoivent pas un objet comme possession exclusive. Et comme on l'a vu, le sanskrit et le persan ne connaissent pas de mots pour l'objectivité et la subjectivité. Chaque langue est une option sur l'extérieur — une projection de ce qu'on considère comme important dans son esprit. Chaque langue est une vision différente du monde, c'est-à-dire un univers tout autre. La façon dont on taille la langue et privilégie soit certains noms ou adjectifs, soit certains verbes ou prépositions, c'est la façon dont le monde est partitionné. Les innombrables prépositions et la capacité de faire d'un nom un verbe font de la langue anglaise un univers plus souple que celui de la langue française.

La façon dont on ressent les choses, c'est ainsi qu'on les classe. La façon dont on taille l'univers, c'est ainsi qu'il nous apparaît. La façon dont on le perçoit, c'est ainsi qu'il devient. Puisque ce «il» c'est le «on» qui se renvoie son image, de façon à se comprendre, à s'entourer de familier, de connu, de confortable. Ces données, connues depuis longtemps, ont été établies par Gœthe, Coleridge, Whorf, Steiner, Korzybski, Hall, Bruner et nombre d'autres.

L'univers est une construction mentale. L'univers n'est pas comme tel extérieur à l'esprit — puisque l'esprit et la matière sont interchangeables, simultanés, ou, pour le moins, complémentaires. Mais justement, l'univers n'est pas à l'extérieur. Il est une *projection*, non une chose que l'on découvre en dehors de soi. Et dans la mesure où on n'est pas conscient qu'on le projette, il est pris pour une chose absolument réelle, complètement indépendante de nous. (L'univers, c'est un peu comme l'auto qui devient une extension du corps, le conducteur percevant la route et le paysage comme une extension de l'auto, et ainsi de suite, de sorte que tout, à un certain niveau, peut être vu comme son propre corps.)

Si vous portez des lunettes (c'est là un de leurs avantages!), vous vous rendrez compte qu'en les enlevant, le monde vous apparaît tout autre. Il n'y a plus de choses, d'objets là-bas ou ici, en haut ou en bas, il n'y a qu'une nappe embrouillée de taches qui bougent vaguement. Tout est pris ensemble, rien n'est coupé du reste. Tout est collé à la surface de l'œil. Bien plus: *tout est dans l'œil.* Mieux: dans le regard. Peut-être faudrait-il plutôt dire: tout est dans l'esprit, pour qui seul le perçu est lisible et prend un sens. On sait même que ce n'est que par un entraînement que l'œil finit par voir à l'endroit ce que, initialement et sans préparation, il voit à l'envers.

Mais on est tellement habitués à ses lunettes que le regard nu et sans apprêt ne nous est plus possible — nous effraie même. On regarde plus en interprétant qu'avec l'organe qui s'appelle l'œil. L'interprétation façonne à l'avance, à travers des expectatives, des craintes, apprentissages et préjugés, tout ce qu'il y a à voir et qui constitue, croit-on fermement, un univers étendu au dehors, prêt à nous agresser, à nous accueillir ou à nous engloutir. La matière (espace, masse, temps) est construite mentalement à partir des sensations, dit le physicien Roger Jones. Les sensations offrent à l'esprit un matériau permettant de fabriquer et d'établir une métaphore.

Nous avons perdu le sens de la métaphore: l'allusion, le renvoi, le passage d'une partie à une autre. LA SUGGESTION. La suggestion que toute matière fait de l'esprit ou à l'esprit, le renvoi de toute réalité à sa conscience animatrice et créatrice. Nous avons pris le langage symbolique (deuxième niveau de connaissance) pour du littéral (premier niveau). Les mots sont devenus des choses, et les choses auxquelles renvoient ces mots sont devenues, à leur tour, des absolus existant complètement à part, en dehors de nous.

Nous adorons les mots et les investissons de réalité absolue. Nous croyons que le mot «arbre» est non seulement l'équivalent de la chose même qui se trouve devant moi dans le jardin, mais qu'il a de la couleur, de l'épaisseur, que le mot même a la forme d'un arbre. Au point que nous n'avons plus besoin de l'arbre lui-même qui devient presque un objet jetable. Tous les mots, toutes les expressions sont ainsi chargés de réalité concrète: la guerre, le sexe, «tomber» en amour, la fin du monde, le règne de l'antéchrist, la catastrophe finale, les puissances nucléaires, les pays en voie de développement, le prolétariat du monde, le féminisme, le vice et la vertu, les forces révolutionnaires, le Pentagone et le KGB, la papauté, l'Église, le cancer.

Un paragraphe bien senti sur chacun de ces sujets nous fait croire que nous sommes véritablement dans la chose jusqu'au cou. Et c'est semblable avec les images — les affiches, les annonces, les documentaires, les films. Ou encore, dans le domaine de la radio, conversation, conférence — autant de façons de se persuader que ce dont on S'ENTRETIENT, on le vit, on y est, c'est concret et bien réel.

Nous faisons la même erreur en ésotérisme. Parce que toutes les connaissances sont mises à nu dans une surabondance de livres et de colloques, et que le vocabulaire psycho-spirituel est répandu sur toutes les lèvres. Nous avons tendance à croire que nous possédons la chose même, puisque nous parlons le langage qui y renvoie. L'illusion de l'ésotérisme contemporain, relevée depuis quelques années par Jacob Needleman, consiste précisément à s'habituer à un *vocabulaire*, alors qu'on n'a pas encore vécu ce qu'il était censé représenter. Encore une fois, on matérialise le spirituel. On perd le sens du langage.

Dans le langage religieux, l'idolâtrie consiste à localiser, à fixer, à enfermer le divin dans une forme extérieure à soi et complètement distincte de la personne. C'est le divin encapsulé, externisé. Comme le mental est séparatiste et réductionniste, il a tendance à enfermer dans des formes qu'il extériorise, l'incompressible énergie divine qui vivifie tout. C'est dans la mesure où le conscient rationnel n'est pas en contact avec sa source qu'il a tendance à projeter à l'extérieur cette source. Cette angoisse foncière qu'est le mental, c'est la peur d'être sans fondement, d'être suspendu dans le vide, d'être abandonné, coupé de sa source, et cela le remplit de peur, cela est la peur. «Nous oublions que nous sommes un et croyons plutôt que nous sommes individués», dit Jones, faisant écho à Merton le spirituel qui, après tant d'autres, disait deux heures avant son décès: «Nous sommes tous un, mais nous faisons croire que nous sommes séparés.»

Ce que nous appelons idolâtrie en religion est ce que pratique l'esprit scientifique lorsqu'il croit que ses formules sont la réalité, qu'il croit que la matière physique est exprimée par ces formules, et que cette matière existe *en dehors de l'esprit*. (Comme une parole qui par impossible existerait en dehors d'une pensée.)

Comme la réalité et nous, cela fait un et non pas deux; toute métaphore représentant l'univers qui serait prise pour une chose réelle serait une illusion, un mensonge, une idolâtrie. C'est qu'il n'y a pas deux choses, et le croire nous empêche de comprendre et d'être dans la vérité. «L'idolâtrie fondamentale consiste à regarder le monde extérieur comme une réalité indépendante de l'esprit humain; c'est croire que la science a pour but de connaître cet univers qu'elle décrit et découvre réellement — alors qu'elle ne fait que l'inventer[22].»

Comme la matière, l'univers n'existe pas en dehors de l'esprit, en dehors de la conscience. Les lois que «découvrent» les savants sont en effet des fabrications, des inventions plus que des découvertes: ils trouvent en quelque sorte ce qu'ils y ont mis. Le savant invente son espace, tout comme Leonardo inventait la perspective picturale, qui n'est qu'une option, un préjugé, et non pas «la réalité telle qu'elle est vraiment».

«Mais, écrit Jones, vous pouvez vous demander si j'affirme sérieusement que Newton et Kepler ont déterminé par leur volonté les mouvements planétaires et ont décidé que ces planètes suivraient toutes les mêmes lois universelles? Eh bien, je ne puis nier que je suggère ici une certaine collaboration entre conscience et matière. Mais je dois aussi m'objecter à ce que vous exigiez que je reconnaisse ce que je ne puis reconnaître — qu'il y a un monde là-bas, indépendant, extérieur, objectif et non influencé par la conscience humaine. Il m'est difficile, à l'intérieur d'une grille où règne la dichotomie corps/esprit, d'envisager ou d'expliquer notre créativité participatoire ou encore, de quelle façon nous invoquons l'ordre. Lequel est premier, l'œuf ou la poule? Essayez de le demander à l'œuf en train de devenir poulet. Dans un état de conscience plus élevé, où tout le temps est télescopé dans un maintenant éternel, la question de l'œuf et de la poule perd son sens. Là où le passé, le présent et l'avenir sont identiques, l'œuf et la poule sont un. Là où l'esprit et la matière sont identiques, le créant et le créé sont un. Nous ne pouvons présupposer des dichotomies là où ce sont précisément les dichotomies que nous remettons en question[22].»

«La science physique est une métaphore où le savant, tout comme le poète, crée et accorde du sens et de la valeur[22] aux constructions mentales qui lui permettent de comprendre l'univers et lui-même...» «La science et le monde physique sont des produits de l'imagination humaine. Nous ne sommes pas les froids observateurs de ce monde, mais ses créateurs passionnés. Nous sommes tous des poètes et le monde est notre métaphore.» ... «Les *quarks* ne sont-ils pas des construits, des inventions de l'esprit, des symboles d'une collection de propriétés non-observables?» ... «La conscience est si intégrée au cosmos, que l'idée créatrice et la réalité sont une seule et même chose[22].»

«En effet, il est foncièrement illusoire de distinguer un point de vue subjectif d'un point de vue objectif». Du reste, «il est généralement accepté que les faits et les découvertes sont chargés de suppositions théoriques, et qu'ils contiennent un élément inconsciemment et essentiellement subjectif. Ceci a été bien démontré par Poincaré, Polanyi, Kuhn, Barfield, Kœstler, Roszak, Bateson, Pauwels et

Bergier. Les patterns de la matière sont des distributions de probabilité, des fictions mathématiques, des châteaux en Espagne. Ils existent dans nos têtes, tout comme les chiffres par lesquels nous les identifions[22].»

«Et comme il n'existe pas de moyen pour séparer notre connaissance du monde de la conscience que nous en avons, les changements dans le monde ou dans notre esprit doivent s'entendre comme des changements dans les deux. L'esprit et le monde sont des aspects apparemment différents, peut-être complémentaires de la même chose[22].»

«Il n'y a pas deux mondes séparés, mais un seul. Nous y participons et nous aidons à le maintenir et à le faire. Nous ne sommes pas des locataires mais les proprios. Nous ne créons pas seulement le vêtement mais le tissu dont est fait la matière; nous créons à la fois le son et le temps qui rendent la musique possible. Nous sommes responsables non seulement des autres créateurs mais de toute *chose* dans le cosmos, de l'espace/temps même dans lequel tout existe.

«Ceci peut apparaître ridicule, mais je crois que c'est la conséquence la plus raisonnable du fondement inévitablement subjectif de l'espace, du temps, de la matière et du nombre*. Les métaphores centrales sont des créations humaines de valeur et de sens. Nous sommes les auteurs de l'iconographie du monde physique. La longueur (l'extension) n'est pas quelque chose qui existe indépendamment de nous. Cela fait partie de l'espace même. C'est un jugement de valeur subjectif tout comme la beauté ou la justice. Nous l'avons fait nous-mêmes. Si nous n'acceptons pas cela, nous devons alors expliquer comment l'extension peut exister dans un monde sans conscience humaine. Nous ne pouvons éviter la responsabilité de ce qui est ultimement subjectif — le monde physique[22].»

---

* Dans son ouvrage remarquable, *Physics as Metaphor*, l'auteur montre en détail comment nous fabriquons ces données.

«Le fait de ne pas reconnaître le rôle central de la conscience dans la réalité et donc de traiter le monde physique comme un objet extérieur, indépendant, étranger, a été un problème chronique de la science moderne depuis la Renaissance et le siècle des Lumières... Une des plus grandes réalisations de l'esprit humain (la science moderne) refuse de reconnaître jusqu'à quelle profondeur va sa créativité, et elle a maintenant atteint le point où ce refus l'empêche de croître[22].»

«C'est l'élément non reconnu et inconscient dans la créativité scientifique qui menace l 'humanité, plutôt que les produits de la science et de la technologie[22].» Quand Galilée, Pasteur, Darwin et Einstein ont cessé de croire en la validité sacrée, en la vérité intouchable et dogmatique des théories à la mode, alors seulement la science devenait possible. **Quand le savant cesse de croire ses métaphores, paradigmes et lois, alors seulement il peut entrer dans la sagesse. Quand on cesse de croire tout simplement, alors seulement peut commencer l'aventure spirituelle.**

La croyance paralyse l'esprit, alors que c'est l'expérience vécue qui fait couler à nouveau l'énergie. C'est l'instabilité de la découverte toujours inattendue qui maintient en croissance. Croire que les définitions sont la réalité ou, comme disait Korzybski, que «la carte c'est le territoire», croire que les dogmes sont la vérité et atteignent la Source de l'existence, croire que les symboles mathématiques saisissent l'univers dans sa structure, alors qu'il est simplement réduit à un gabarit qui le dépouille de tout ce qui est inexplicable, inconnaissable ou incontrôlable, — c'est être arrêté dans la croissance, c'est sortir de la vérité.

Les scientifiques qui veulent «rentrer» dans la sagesse devront tout d'abord quitter leurs illusions et leurs peurs. Car c'est la peur de l'inconnu, de l'inconnaissable, de l'«improbable», de l'«impossible», qui les fait se réfugier derrière des métaphores établies, des paradigmes jugés définitifs et révélés. C'est la peur des profondeurs de son propre esprit et de tout ce qu'il cache et qui n'est pas réductible à une formule claire, élégante et propre. Il faudra, comme le dit Jones, que les savants acceptent de livrer leurs doutes, leurs hésitations, les difficultés ressenties au cours de leurs découvertes, les tortures morales de leurs tentatives, les valeurs affectives de leur aventure, le cœur derrière la tête. (Qu'ils cessent de se conduire comme ces instituteurs qui ne veulent pas apparaître devant leurs élèves comme ayant des défauts ou des faiblesses, mais comme sachant toujours la vérité.)

C'est peut-être ainsi que l'intuition pourra enfin s'exprimer au-delà et à travers des squelettes mathématiques et des équations aseptiques. Ce n'est qu'en acceptant de reconnaître comme totalement valable l'ensemble de ses expériences personnelles, sans dépouiller ses recherches de tout ce qu'elles comportent d'inavouable ou de simplement humain, que le savant pourra enfin devenir un être complet, et finalement, un sage.

Pour le savant, être sage c'est cesser de croire à un paradigme établi, pour être à l'écoute de ce qui est incroyable mais plus authentique, puisque cela est saisi dans le vif du mouvement, dans le présent de la vie, dans l'émerveillement, la réceptivité et l'attente.

Être sage, pour le savant, c'est cesser de croire les textes écrits, et revivre pour soi sans peur, ni préjugé ce qui surgit de la source de l'être — aventure qui seule permettra d'inventer un nouveau langage, sans toutefois jamais s'y enclore. Être sage, c'est ne plus croire son mental, mais faire confiance à la bonté de la vie qui est plus intelligente que l'intellect et plus compréhensive que nos théories.

* * *

Tout est laissé à l'homme — c'est à lui, en tant qu'être intégré par sa dimension spirituelle, que revient désormais de continuer l'univers. Tout est laissé à l'homme — mais à l'homme intégral, pas à la raison séparément ou aux émotions. Tout est laissé au Féminin en l'homme — le Féminin qui est l'inspirateur, le réservoir, la source du Masculin. C'est la réceptivité, la compassion, l'intuition qui donnent naissance à l'activité, à l'organisation, à la raison. Et s'il faut reconnaître que réceptivité et activité sont complémentaires et donc inséparables, il reste que la première est plus fondamentale et que c'est elle qui a la clé de la croissance.

Chapitre huitième

La grande rencontre

«Les disciplines individuelles restent sans signification si elles ne sont pas reliées à la totalité de la connaissance.»

Karl Jaspers, philosophe

Depuis quelques années déjà, nous sommes entrés dans une nouvelle époque. Les divisions s'accentuent en même temps que les fusionnements et les raccordements. Il y a plus de décentralisation et d'autonomie locales, en même temps qu'il y a plus de centralisation de certains pouvoirs (par exemple, religieux); Il y a également moins d'argent, donc moins de possessions quantitatives, à quoi répond une plus grande exigence de qualité, au point de vouloir payer plus cher des objets plus durables et mieux faits. Plus de revendications ethniques et minoritaires, en même temps que plus de conscience de partager avec tous les mêmes misères, les mêmes peines, les mêmes souffrances, mais aussi les mêmes aspirations. Plus de relations entre vendeurs et acheteurs, entre dirigeants et dirigés, en même temps qu'un renforcement de certains cartels, de certaines multinationales, ainsi que de certaines religions internationales. Un monde où les paradoxes sont plus en relief, en même temps qu'un monde où le dépassement ou plutôt l'intégration des paradoxes, devient davantage possible.

Cette transformation est d'un niveau très concret. Je n'en donne comme exemple que les diverses remises en question et mutations discrètes mais très réelles dans le domaine de la production. Quelques livres récents nous ont alerté de ce changement de mentalité: *In Search of Excellence, Small is Possible, Megatrends* et *The Next Economy*. Si ces ouvrages sont américains, c'est peut-être que dans ce pays plus qu'ailleurs, il est nécessaire que la transformation se fasse; mais cela pourrait être aussi un signe que c'est en ce pays que la créativité et la capacité de s'adapter, d'inventer et de changer sont le plus perceptibles.

On remarque que les compagnies qui produisent des marchandises de qualité supérieure et grandissante sont toutes des entreprises où les personnes et les rapports interpersonnels prennent la première place. Les ressources humaines sont valorisées au point que chacun, et en confiance avec la direction, reçoit pleinement l'appui des employeurs, se sent aimé, apprécié, encouragé quand il progresse, et consolé quand les choses vont moins bien. D'autres indices de cette nouvelle conscience: un supermarché se limite à un certain nombre de produits choisis pour leur qualité supérieure, avec le souci constant de répondre aux exigences du consommateur. Les consommateurs font connaître, au moyen d'une boîte à suggestions, leurs désirs et critiques; et, chaque semaine, il y a un meeting entre les propriétaires et les consommateurs qui veulent bien se présenter, pour discuter des améliorations possibles. L'entreprise a des allures de coopérative. On prend conscience que l'excellence est en rapport direct avec la valeur des personnes qui participent à l'aventure.

Mais en quoi tout cela regarde-t-il la sagesse, la philosophie et la science de pointe? De bien des façons qui ne sont peut-être pas évidentes à première vue.

L'ère nouvelle que nous intégrons est centrée non plus sur des choses, des pouvoirs ou des connaissances mais sur des individus. On redécouvre la valeur de la personne humaine — que le monde, ce n'est finalement que des personnes, que la créativité, la maladie, les drames, la vie, ce ne sont que des personnes, c'est-à-dire la conscience humaine. Le reste — production, valeurs, économie, politique, paix, famine — dépend en réalité de la conscience personnelle. Le monde de la science, de la philosophie et de la religion classiques était une fragmentation, une division, un éparpillement où l'univers lui-même était conçu comme un ensemble de briques ou de billes s'entrechoquant, mais sans lien profond, sans unité, sans intériorité. De cette vision sortit tout naturellement la théorie de la «survivance du plus fort». Tout était clair, en ordre, contrôlé de haut et de loin par une déité distante et abstraite, mais il y manquait justement de l'âme, de l'animation intérieure. Il y avait un assemblage extérieur, comme dans une machine, mais tout cela ne formait pas une seule unité vivante. La vie était ailleurs.

Avec l'échec du matérialisme philosophique, de la religion-pouvoir et de la science mécaniciste, une nouvelle possibilité s'ouvre à l'être humain. Désormais, la relativité, la physique quantique, la thermodynamique, l'ordre impliqué de Bohm, l'hologramme, la philosophie bootstrap, les champs morphogénétiques, l'écologie, nous font entrer dans une vision de rapprochement, de liaison, de réseau universel. C'est du reste, dans la mesure où cette vérité est vécue, que la paix pourra s'établir, ainsi qu'une meilleure répartition des biens. Tout est dans tout, et l'univers est une interrelation sans brisure possible, tout comme l'humanité est une seule famille, voire un seul être, qui baigne dans ce royaume de beauté et de perfection, dans ce jardin dont l'âme est la sienne propre. Le refus d'appartenir à un ensemble, le désir de vivre «à part soi», dans un enclos, la peur d'être aimé, la création d'ennemis, la passion de soumettre ou d'éliminer les autres, sont des attitudes humaines qui, précisément, ternissent l'harmonie de l'univers et produisent des remous dans l'écosphère de la terre.

Ce n'est pas dire que les oppositions n'existeront plus, ni les paradoxes, ni les contradictions. Justement: ce qui n'était qu'un monde de divisions et d'oppositions prend un sens différent à travers la nouvelle conscience. La réalité est perçue différemment. (J'emprunte ici quelques idées du physicien Toshibuko Izutsu[3].) Dans la tradition newtonienne, le monde était vu naïvement, c'est-à-dire qu'on le croyait très réel, absolument réel. On croyait en l'existence objective du monde extérieur. Le monde physique était conçu comme un tout solide consistant d'innombrables «choses», dont chacune était une substance physiquement *réelle*. (Nagarjuna, le philosophe bouddhiste, appelait cela «la maladie ontologique invétérée», due à l'influence illusoire des noms, c'est-à-dire, du langage.) Dans cet univers mécaniciste, la conscience était «conscience de», jamais la conscience pure et simple: la conscience était toujours happée hors d'elle-même vers l'extérieur. Il y avait une apparence «objective» du monde qui était en fait un produit «subjectif» de la conscience tournée vers l'extérieur — comme un gant retourné.

C'est cette notion d'une vision objective bien solidement assise que la philosophie orientale balaie d'un trait en affirmant que tous les phénomènes (apparences) ne sont que des rêves-images, que tout ce dont le petit je prends connaissance comme étant ceci ou cela n'est en vérité qu'une illusion de la part de la «conscience de». Cette «conscience de», comme l'indique l'expression même, est comme un fil électrique qui attendrait d'être branché et qui ne trouverait son efficacité et son sens qu'à partir de ce qui vient le rejoindre de l'extérieur.

En revanche, dans la perspective orientale, le monde extérieur est considéré comme le «grand rêve» — *ta mêng* (Chuang Tseu), ou *maya* (Vedanta), *khâyal* (philosophie iranique d'Islam). Ce grand rêve correspond au Grand Réveil (*ta chûeh)*. S'éveiller consiste à se rendre compte que les choses ne sont pas des essences, des réalités en soi, indépendantes du reste. Il s'agit de désobjectiver le monde, d'arriver à voir les choses dans leur manière d'être pré-objective, c'est-à-dire avant d'en avoir fait des objets projetés à l'extérieur (ce qui est le sens du mot objet: *ob-jectus*).

Cet *évidement* des objets, leur néantisation en quelque sorte, doit s'accompagner d'une évacuation du petit je. *La perception n'est pas séparable d'une attitude spirituelle*, d'une transformation intérieure où le petit je s'efface devant un Je universel. Voir est une fonction du cœur, non des yeux. «Comme on est, ainsi l'on voit.» (Ravindra)[5]. Avec cette épuration radicale, les choses seront vues dans leur véritable réalité. Ce que dit ici le sage savant Izutsu, c'est qu'aussi longtemps qu'il y a *quelqu'un qui connaît*, il n'y a pas vraie connaissance. Il y a toujours falsification, narcissisme, donc mensonge, illusion.

L'esprit est ici non-Esprit, vide illuminant qui met tout en lumière. La conscience a émietté arbitrairement le tout originel indivis en une infinité de segments auxquels elle a donné un nom particulier, segments qui assument une illusoire apparence de fixité (c'est-à-dire, des «choses»). Toutes choses sont en réalité égales entre elles. Tout ce que l'on désigne comme choses, ce ne sont que des mots, des «significations hypostasiées» (incarcérées dans des formes). «Ce qui est en réalité Sans-Nom, comme le bois non encore taillé, est coupé en une constellation de noms» (Chuang Tseu), et c'est cet éclatement, cet émiettement, cette poussière de choses qui nous empêche de voir la réalité, notre réalité, notre fondement sans nom et sans visage.

Là où la réalité précède le langage, c'est-à-dire la pensée (toujours inséparée du langage), se trouve le point zéro de la conscience et de l'être, qui est en même temps le point d'origine de la Conscience et de l'être. Le vide (*sunyata*) est absolument annihilant et, en même temps, il est absolument créateur. «*Sunyam sarvam*: toutes choses sont vides.» Le vide, c'est en même temps la plénitude de toutes les potentialités. Le niveau où toutes les potentialités sont présentes est aussi le lieu où se tient en attente toute la mémoire du monde. (Charon) Le point de vue de la potentialité est ce qui est gros d'avenir inexplicité, le point de vue de la mémoire est ce qui est gros de passé. Les deux forment le présent, qui est à la fois un vide et un plein. Le présent, c'est l'espace — c'est-à-dire la capacité de créer des mondes.

On rejoint ici la notion d'état de vide (*vacuum state*) ou de bruit initial (*essence noise*) où veillent toutes les énergies des univers possibles. C'est ce que Domash et d'autres physiciens ont reconnu comme étant précisément le siège de la conscience pure — c'est-à-dire celle qui justement *n'a pas encore créé d'objet*.[3] Ce dernier niveau, est celui que j'ai appelé le niveau nouménal. Ce que, dans ce livre, j'ai appelé le *noumène* est bien sûr toujours en relation avec le *phénomène*. Mais la façon dont j'entends ces deux termes complémentaires doit être expliquée. Phénomène (apparence) renvoie à la matière et au mental. *Noumène* (intériorité inconnaissable) est *ce qui dépasse à la fois la matière et le mental*. Cette interprétation est à la fois inspirée de David Bohm et de la sagesse orientale.

J'ai toujours regretté que les chaires de philosophie occidentale n'aient jamais considéré d'étudier les philosophies orientales (bouddhistes, védantistes, soufis), qui sont à la fois sagesse et spiritualité, mais qui comprennent aussi, comme dans le cas de Shankara et Nagarjuna, des discussions qui intègrent la logique la plus rigoureuse. Il me semble justement que ces philosophies, incluant ici les grands courants de la sagesse soufie (Ibn El Arabi, Al Ghazali, Sohawardi, Avicenne, Averrœs), ainsi que la sagesse d'un Maïmonides, pourraient corriger et rectifier la perspective de la philosophie occidentale et lui permettre sans doute de retrouver sa «vocation».

Nous entrons dans une ère où philosophie, spiritualité et science de toutes sortes devront se reconnaître mutuellement, s'épauler, s'unifier, et même s'unir dans des *personnes*. Ce que je dis ici demande explication. Je ne dis pas que ces diverses connaissances doivent être abolies dans leurs méthodologies ou leurs vocations individuelles. Je dis que ce n'est pas la philosophie ou la science qui doit changer, mais plutôt les philosophes et les scientifiques et les gens de religion: les personnes plus que les disciplines. Que les personnes à l'intérieur de chacune de ces disciplines cessent de vivre dans leur cadre étroit, emmurées dans leur spécialité, bornées par des œillères de jalousie, de préjugés ou d'arrivisme. Que chaque chercheur s'ouvre à la connaissance de lui-même, de ses blocages et conflits, pour atteindre son véritable fond, ce Je réel qui est le même Sujet qui respire, active, remue le monde entier. Que chacun re-devienne avant tout une personne, c'est-à-dire conscient des liens universels, conscient d'une appartenance irréductible, d'une communion qui ne peut être sentie et vécue qu'au-delà de ce qui divise et durcit: le mental — toutes les théories construites au prix de tant de travaux et auxquelles on s'identifie au point de perdre le sens des valeurs, d'oublier la relativité de tout, perdant par le fait même le but de l'aventure terrestre. Que chaque chercheur devienne un centre, non un centralisateur, mais simplement un centre: autonome et conscient de l'ensemble; en rapport avec tout le reste, en même temps que vivant pleinement son aventure unique.

Comme les physiciens du XXe siècle se sont rendus compte de la limite de leur science et de son incapacité à atteindre le fond ultime de la réalité, il serait également possible aux autres chercheurs — chimistes, mathématiciens, biologistes, physiologistes, géologues, astronomes, psychologues, sociologues, anthropologues, psilogistes, parapsychologues — de replacer leur spécialité dans une perspective plus vaste et de développer ce qui manque à leur vision — une conscience personnelle, subjective et profonde des soubassements de la réalité, de leur réalité, de leur individualité. Car ce n'est qu'en comprenant de fond en comble leur être propre qu'ils pourront reconnaître la place de leur discipline et lui conserver sa rectitude, son rôle irremplaçable.

Cette entrée dans une conscience universelle diminuerait de beaucoup l'accent que l'on porte encore aujourd'hui à l'importance de la spécialisation et des spécialistes, et permettrait aux *personnes parcourant une aventure spirituelle* de reprendre la première place.

* * *

Comme le savant, le philosophe et le spirituel, l'artiste aussi doit, pour atteindre la plénitude de son expression et la rectitude de son inspiration, plonger son être dans l'au-delà du sensoriel, de l'émotif et du mental. Bien que l'artiste (musicien, peintre, sculpteur, danseur, cinéaste, architecte, poète) se serve essentiellement d'une matière, et qu'il soit en grande partie conditionné, sinon limité par celle-ci, il reste qu'il ne peut satisfaire à la plénitude de son rôle qu'en devenant conscient de son être fondamental, de la source de toute matière/énergie.

Le grand artiste serait avant tout celui qui parvient à l'oubli de lui-même, à la transcendance de lui-même, au milieu de son œuvre et à travers celle-ci. Le grand art tend à être impersonnel, comme le faisait remarquer, il y a quelques années, T.S. Eliot. Il n'est plus obsédé par les programmes d'école — les «ismes» et les «néo-» —, mais il est libéré du besoin de *se dire* lui-même, tout comme la personne vraiment aimante n'est plus obsédée par le besoin d'*être aimée*. L'art n'est pas un défoulement, ce que contient la majeure partie des œuvres dites «abstraites», qui ne sont que des prétextes à «lâcher son fou» ou à «s'exprimer». On confond art et laisser-aller, parce que l'on croit qu'être spontané consiste à dire ce qui nous passe par la tête ou par les tripes.

L'artiste authentique, donc spirituel, n'a plus à se dire que l'art n'est pas pour lui un prétexte à s'exposer, à se faire connaître: bien qu'il ne puisse s'empêcher d'exprimer, il est au service d'un mouvement et d'une force qui le dépassent et le consument en quelque sorte dans l'enfantement de l'œuvre. L'artiste spirituel est *impersonnel* — comme la nature. Aristote disait que l'artiste imite la nature. Je dirais la même chose, mais en précisant avec Ananda Coomaraswamy, que «le grand art est une imitation non pas des apparences mais de la nature des choses.» Donc, pour que cette nature des choses s'exprime à travers lui, l'artiste doit être conscient de sa propre nature, du cœur de son être, de la racine de sa vie. Il doit être plus réceptif qu'actif — son activité étant complètement le résultat de sa réceptivité.

La beauté de l'œuvre vient comme une grâce. Elle n'est pas requise par l'effort, elle ne cède pas à la technique, elle sourd d'une autre dimension. Elle a la spontanéité, l'immédiateté et la clarté de l'intuition. Et cependant, si la beauté ne vient pas à cause de l'effort qui précède, elle ne surgit jamais sans être précédée de travail, de souffrance, de ténèbres — de perte de ses prétentions et possessivités. On pense trop souvent qu'atteindre à la spontanéité du grand art dépend de sa capacité de laisser s'exprimer ses instincts. La spontanéité est une des choses les plus difficiles à acquérir: elle suppose qu'on a pris conscience de ce qui en soi-même bloque cette spontanéité — qui n'est pas du tout une capacité d'exprimer ses instincts de façon débridée. Si, comme le disent les maîtres zen, «pour dessiner une fleur, il faut devenir une fleur», la spontanéité est inséparable d'une perte de son petit moi, et d'une capacité de s'oublier complètement dans ce qui est plus grand que soi. La spontanéité est inséparable de la générosité et de la compassion. C'est seulement quand on ne peut s'empêcher d'aimer les choses comme elles sont que la spontanéité émerge en nous et que le grand art, comme l'action juste et la connaissance vraie, peuvent apparaître.

Toute expression de beauté est une approximation de la vérité d'une chose, de l'être, de l'univers contenus en nous. Ce n'est pas par accident que les mathématiciens jugent de la validité d'une équation autant par sa beauté et son élégance dans l'économie que par sa correction. Car la connaissance n'est juste et complète que lorsqu'elle est *en harmonie* avec l'ensemble, et tout d'abord avec le fondement de toute manifestation, avec l'âme de l'univers.

Comme le savaient les Grecs, à un certain niveau, la beauté, la vérité et la compassion sont simultanées. Car dans la nature, tout est beau, tout est fait dans une économie de moyens, tout est juste et à sa place, proportionné à l'ensemble, efficace aussi bien qu'élégant — que ce soit les branches d'un arbre, les plis d'une fleur, les écailles de poissons, les ailes d'oiseaux, les vrilles de coquillages, les volutes de nuages, le zébrage des fauves, les ondulations de montagnes, les rythmes de la mer, les craquements de terres desséchées. Lorsque l'être humain, à l'écoute de cette intelligence naturelle, se laisse inspirer par ses images, ses rythmes et ses audaces, il devient un instrument vibrant dont les œuvres jaillissent sans préjugé, sans refus, sans peur. Ainsi peuvent naître les grandes œuvres.

Bien que les œuvres où il y a de l'ego puissent plaire diversement aux publics à travers les âges, il reste que *plus les œuvres ne semblent avoir d'auteur,* tellement elles rayonnent de simplicité et d'absence d'effort, plus aussi elles sont des œuvres durables, pures et parfaites. (Et curieusement, plus elles sont du même coup d'une grande originalité.) Ainsi, les plus belles lignes de chant grégorien — In Manus Tuas, Ubi Caritas, Requiem, Tota Pulchra Es, Ave Verum; la musique de J.S. Bach (les Brandebourgeois, la Messe, les Partitas, les Passions, les Cantates); certaines musiques de Mozart, de Hændel, de Vivaldi, de Scarlatti; les meilleures toiles de Corot, de Vermeer, de Rembrandt, des Flamands médiévaux, des Chinois et des Japonais; l'architecture grecque, romane, gothique et de la Renaissance ainsi qu'islamique; la sculpture égyptienne, grecque, romane, gothique, mais surtout indienne, et en particulier les bouddhas de Polonnuvara; la poterie chinoise et japonaise; la littérature — les Upanishad, Blake, Gœthe, Dante, les Contes de Perreault, Shakespeare, Montaigne, Dostoïevski, Jean de la Croix dans ses poèmes, Saint-Exupéry dans *Le Petit Prince*; enfin, certains films tels la Strada, Ordet, Fanny et Alexandre, les films de Zeffirelli — ces œuvres indiquent la présence d'une conscience qui est la conscience même de la nature la plus universelle empruntant une voix humaine. Si les œuvres que je nomme ici appartiennent surtout au passé, ce n'est pas parce qu'il ne s'en fait plus de grandes, mais parce que, pour qu'une œuvre atteigne à l'intemporalité, elle doit avoir dépassé le tiraillement des écoles et des modes.

L'artiste qui serait en contact avec ces dimensions transcendantes, ne serait peut-être plus tellement différent d'un savant ou d'un philosophe spirituel. Ce serait un sage dont l'expression est d'un ordre particulier — un peu comme les sages taoïstes et zen ont été en même temps des génies du tableau, et comme un Leonardo da Vinci fut à la fois un savant, un peintre et sans doute un sage.

Il y aurait ainsi moins de différence entre un philosophe, un spirituel, un savant (quelle que soit la discipline exercée) et un artiste, car en chacun se rencontrerait l'expérience spirituelle qui transcenderait les différences et fournirait une vision plus universelle de chacune de ces disciplines. Ce serait en réalité la Grande Rencontre, qui ne peut se faire que par la racine de l'être et non par la surface où se cultivent différences et oppositions.

* * *

Ce qui a maintenu la science, la philosohie, la religion dans leur état figé, c'est la conviction que leur monde était définitif, c'est le refus de considérer le monde du changement, du devenir. Cette attitude est évidemment encore très répandue dans les milieux de professeurs de sciences, de philosophie et de religion. Seule une poignée d'esprits en recherche continuelle a pu percer ce mur de l'interprétation traditionnelle et rentrer dans la créativité. Or, cette peur du nouveau et de l'inconnu n'existe que parce que ces spécialistes n'ont pas atteint en eux un centre de paix, de confiance, d'acceptation et d'harmonie stable qui leur permettrait d'explorer, d'endurer le désordre, l'inachevé, l'instable, sans drame et avec un certain humour.

Selon David Bohm, ce refus du mouvement et du devenir a créé à l'intérieur des sciences mêmes, une division importante qui n'est pas encore comblée. Il dit, dans une interview accordée à la revue *Re-Vision*, que «la jeune génération de physiciens est déjà enfermée dans le système de la mécanique quantique, et oublie les profondes questions philosophiques qui avaient, au début du siècle, sous-tendu toute la démarche [15].»

Toute connaissance tend toujours à se renfermer sur elle-même, dans la mesure où les chercheurs n'ont pas atteint un niveau de libération intérieure suffisante, qui accepte que l'œuf cosmique qu'on s'est formé soit brisé (J.C. Pearce). «Ce qui limite la physique quantique, c'est que ses équations mathématiques ne décrivent jamais rien d'*actuel* mais seulement l'événement *probable*. La mécanique quantique, telle qu'elle est présentement, est un ensemble tronqué, limité, abstrait, fait de formules qui décrivent ce qui se passe dans un seul moment de l'expérience. Ce que cette physique ne comprend pas, c'est comment les divers moments successifs sont reliés. La prochaine étape consistera à y introduire l'élément *temps*.» [15] De plus, selon Bohm, «les scientifiques en général croient toujours que les lois ont commencé avec le big-bang. Ils n'expliquent pas où elles étaient auparavant. Enfin, au cœur des trous noirs, les lois telles que nous les connaissons disparaissent, et les scientifiques n'ont pas encore accepté ce fait là. Ils persistent à affirmer l'éternité des lois. Or, cette position est métaphysique, elle n'est pas comme telle scientifique. Elle est en fait une croyance, ce que ces mêmes scientifiques ne veulent pas reconnaître, tout en rejetant une telle attitude pratiquée par d'autres [15].»

Malgré ces refus et ces retards, «la physique et la métaphysique sont en train de s'unir aujourd'hui dans une conception du monde où le processus, le devenir, est perçu comme l'élément fondamental de l'existence et où, contrairement aux monades de Leibniz, des entités peuvent agir entre elles et donc naître et mourir.» (Prigogine) [6]

«La physique est la science de l'être et du devenir, dit le physicien Sudarshan, et il n'y a donc rien qui ne soit pas du domaine de la physique.» [9]* Il semble bien que la physique va s'ouvrir de plus en plus et intégrer dans sa recherche une variété plus grande d'avenues encore inexplorées. Elle prendra davantage au sérieux le domaine de la parapsychologie, des pouvoirs psychiques, depuis la télékinésie, la marche sur le feu, jusqu'aux expériences de voyage astral, de médiumnité, de prédiction et de guérison à distance. La mort aussi, de même que l'au-delà, devront être intégrés aux études de la physique. Toutes ces possibilités humaines n'ont jusqu'ici été étudiées que sporadiquement, par des petits groupes isolés, et considérées par la science officielle comme le propre de marginaux, de charlatans ou pire encore.

La science physique devra davantage intégrer les recherches qui se font en dehors de la médecine classique (allopathique) — tout le domaine de la médecine naturelle. Un des domaines jusqu'ici complètement négligé est celui qui touche aux points géopathiques de la terre: les vibrations négatives et positives, les énergies telluriques qui sont magnifiées ou neutralisées par certains types d'architecture et qui peuvent profondément affecter la santé physique et mentale.

Les médecines douces — iridologie, acupuncture, massage, auriculo-médecine et, en particulier, l'homéo-

---

* «Il ne devrait pas y avoir de «programme scientifique» distinct des autres programmes. Comme je le vois, la «science» est une fiction de la même nature que l'ego. Comme l'ego n'existe pas parce qu'il n'a pas de frontières (*boundaries*), de même précisément la «science» n'existe pas parce qu'elle est sans frontières.» (Gregory Bateson)

pathie — devront être prises au sérieux, puisque le but de la science médicale étant de prévenir les maladies en s'occupant de toutes les dimensions de la personne, et non plus seulement du corps et de ses microbes. Il va sans dire que tous les instruments et techniques pouvant aider efficacement à améliorer la santé de l'homme devront être acceptés, développés et perfectionnés. La médecine de l'avenir aura sans doute intégré l'allopathie, l'homéopathie, en plus d'une connaissance beaucoup plus poussée de la nutrition et un emploi habituel du massage. Les rapports entre cerveau/esprit, entre corps/mental, entre le corps astral (champ électromagnétique) de la terre et celui de l'homme, entre les énergies des astres et les conditionnements et prédispositions de l'homme (astrologie) pourront de plus en plus faire partie de la recherche en physique, qui est, de l'aveu de ses chercheurs de pointe, parvenue à une impasse, sans doute à cause d'un paradigme encore trop étroit et limité, surtout en ce qui regarde les possibilités de la conscience et de ses pouvoirs sur la matière.

C'est ainsi que même les phénomènes les plus étranges, tels que les apparitions dites religieuses, ainsi que les manifestations d'ovnis, doivent enfin être sérieusement considérées par la science. Le domaine des extra-terrestres est à mon sens trop réduit, si l'on s'en tient par exemple aux recherches du programme SETI, où des chercheurs se tiennent à l'affût de bruits intelligents d'extra-terrestres. Il faudra carrément reprendre à sa base toutes les manifestations d'ovnis, faussées autant par ses détracteurs militaires (l'Air Force américaine et le Pentagone, dans le projet Blue Book et la commission Condon), que par ses enthousiastes fanatiques qui en ont fait un culte. Les travaux isolés de Allen Hynek, de Jacques Vallée et d'Aimé Michel pourraient recevoir un appui public et compréhensif de la communauté scientifique — si tant est que, dans l'histoire de la science (voir à ce sujet le classique de Thomas Kuhn), ce sont toujours les chercheurs qui, ayant *remis en question* un paradigme, ont poussé les scientifiques conservateurs à changer de vision.

En effet, Allen Hynek propose des interprétations du phénomène ovnique qui ne peuvent pas laisser la science indifférente. Ce qui est certain, c'est que ce genre de phénomène *ne peut pas* être expliqué à l'intérieur du paradigme scientifique actuel. Hynek suggère par exemple qu'il est possible que les ovnis (qui ne sont jamais complètement physiques, bien qu'ils puissent laisser des traces) soient une manifestation de la conscience profonde et surintelligente de l'univers, qui propose à l'esprit humain des formes holographiques interprétées par certains humains plus psychiques que d'autres. Ces apparitions auraient pour but d'ouvrir l'esprit humain à une vision beaucoup plus élargie, plus sensible, plus universelle des possibilités de l'univers et de l'être.

Hynek cite également George Wald de Harvard, qui pense que la conscience manifestée par les appareils extra-terrestres n'est pas nécessairement liée à ces appareils — que la conscience peut exister en dehors du véhicule qui la contient. Peut-être, selon Arthur Clarke, les ovnis sont-ils des instruments qui nous éveillent à la vérité, en introduisant une nouvelle notion de la vie et de la réalité. Ils peuvent être des illusions créées par la Conscience qui existe séparément du protoplasme. Enfin, les intelligences extra-terrestres apparaîtraient en vue d'empêcher que les excès de l'homme ne nuisent au reste de l'univers.

Ce qu'il faut pouvoir expliquer dans les phénomènes d'ovnis observés, ce sont les problèmes suivants:

— comment un appareil peut à la fois voler verticalement si vite et sans faire aucun bruit, en même temps qu'être suspendu comme un oiseau-mouche (toujours sans bruit);
— comment se fait-il que les appareils ne sont jamais détectés avant qu'ils ne soient sur nous;
— comment les appareils peuvent-ils venir de d'autres univers, qui sont extrêmement éloignés;

— comment expliquer les cas d'abduction;
— comment expliquer ces phénomènes à la fois physiques (par exemple, comme des visions produites par les champs électromagnétiques de la terre (Persinger) et psychiques (selon Jung, par l'inconscient collectif);
— comment expliquer qu'il y ait tant de manifestations au XXe siècle et à certains endroits privilégiés alors qu'il y en a eu si peu auparavant...

Pour un chercheur sérieux, ces idées où ces phénomènes peuvent paraître absurdes et sans intérêt. Mais qu'on se rappelle que c'est de cette façon également qu'on a réagi devant les découvertes et propositions de Copernic, de Galilée, de Pasteur, de Freud, de Darwin, d'Einstein et des physiciens quantiques.

La nouvelle vision proposée par Prigogine, Bohm, Sheldrake, Domash, Pribram et d'autres, est une relation avec tout l'univers inconnu qui entraîne simultanément dans un monde de devenir où plus rien n'est statique et défini — pas même les lois naturelles. Toutes les parties de l'univers sont en relation entre elles. C'est ce qui était postulé par le théorème du physicien John Bell, en 1965. Au dire de Brian Josephson, «ce théorème serait la découverte la plus importante de la physique. Ce théorème concerne une situation décrite, il y a plusieurs années, dans un article écrit pas Einstein, Podolsky et Rosen, où un système physique éclate en deux. Le théorème démontre qu'il y a un certain lien entre ces deux systèmes séparés, puisqu'en affectant l'un d'eux, l'autre à distance se transforme de la même façon. Ce théorème m'intéresse justement parce qu'il est relié aux phénomènes psychiques (qui manifestent précisément ce genre de synchronicité, de rapport sans lien spatial ou causal). Ce théorème indique la possibilité qu'une partie de l'univers puisse connaître une autre partie [10].»

Cette capacité d'être relié est ce que je voulais indiquer par le retour à la personne: c'est une tendance à apprécier que chaque être, chaque mouvement a un sens en soi; que c'est la conscience (*consciousness*) qui lui donne sa valeur, son rôle et sa qualité. Les actes humains ne peuvent plus être jugés en termes quantitatifs, car le quantitatif divise et tue, alors que le qualitatif vitalise et unifie. «Nous commençons à dépasser ce que Koyré a rappelé le monde de la quantité, pour entrer dans un monde de qualités et donc de devenir.» (Prigogine)[6] Car le monde de la quantité, de la possession est un monde statique qui s'oppose à toute transformation, à tout ce qui remet en question l'acquis, le passé, l'installé.

La conscience du changement, l'acceptation du changement, le consentement à s'engager dans une mutation, sont des attributs de la personne humaine, non des choses matérielles, qui changent sans le savoir, c'est-à-dire que *leur conscience* ne peut changer. Nous sommes devenus conscients plus que jamais que tout est rythme, que les choses évoluent selon leur lois intérieures, traversant des étapes qui ne peuvent être franchies plus rapidement sans nuire à soi-même et donc à l'univers dans son ensemble. Comme le disait si sagement le poète Tagore: «On ne peut pas faire pousser une fleur en tirant sur ses pétales.» Chaque être entre dans des phases prévues par sa nature. Et toutes ces phases font partie d'une croisière de croissance. Il peut y avoir des détours, bien sûr, mais cela n'empêche nullement la croissance. C'est un peu comme le bateau qui se dirige vers le Pôle Nord et qui rencontre en chemin une banquise. Pour l'éviter et poursuivre le voyage, il ira quelque temps vers le Sud, fera soigneusement le tour de la banquise, puis émergera de l'autre côté, pour reprendre le cap vers le Nord. Le *capitaine* n'a jamais cessé de se diriger dans la direction nord, même quand *son bateau* allait vers le sud. L'intuition directrice, la conscience dans la nature (en nous) mène vers une croissance illimitée qui consume, assimile, absorbe et intègre tous les virages, les déviations, les détours qui peuvent s'appeler dépression, détresse, découragement, décès, péché, démoralisation. La vie a les allures d'une course à obstacles — qui sont dressés (par nous, entre deux vies) non pour nous faire achopper, mais pour nous faire sauter plus haut — pour croître. Rien dans la vie n'a de sens en dehors de la croissance.

Le bateau entrant dans l'écluse ne peut traverser les enclos avant que l'eau n'ait atteint le niveau voulu. Ainsi, chacun parcourt sa croissance, à son rythme propre. Chaque chose arrive en son temps. (Le temps, comme l'écrivait sur un mur un étudiant américain, c'est la façon qu'a la nature d'empêcher que les choses n'arrivent d'un seul coup.)

Se demander combien de temps va durer cet état de conflits et de difficultés est une question typiquement occidentale. Nous sommes si impatients, nous voudrions tellement que les choses arrivent selon le modèle que l'on s'est tracé — c'est-à-dire selon le projet mental. La conscience peut voir très vite, mais la vie, le corps, les événements ont leurs lois propres, qu'il faut respecter. Il ne faut jamais danser plus vite que la musique!

L'éveil ne se programme pas. Ce n'est pas moi qui cause l'éveil, il est donné. C'est un événement qui arrive en son temps, comme l'apparition des dents chez le bébé, comme la capacité de parler, l'éveil sexuel, l'esprit de responsabilité, la ménopause, la guérison, la mort. La créativité et la capacité de croissance sont innées. Nous pouvons les refuser, les arrêter, les ralentir, ou nous pouvons les laisser mûrir, les laisser s'exprimer, se déployer. Nous croissons mieux et plus rapidement si nous apprenons à écouter plutôt que de vouloir contrôler; si nous apprenons à laisser être plutôt que de vouloir réprimer. Nous grandissons plus vite en tant que personnes si nous sommes réceptifs, apprenants, plutôt qu'obsédés par l'action à accomplir ou la solution à trouver.

La Conscience universelle n'est pas quelque chose que nous pouvons dominer ou posséder, mais c'est plutôt ce qui sourd à travers nous, à travers notre abandon, notre acceptation, et au moyen de notre ouverture. C'est souvent «ce qui se fait malgré nous». Ce n'est pas par des décisions volontaires et rationnelles (et donc angoissées) que l'on change sa vie — si tant est qu'on ait à la changer. La prétention de notre volonté ou de notre raison à pouvoir changer la réalité est tenace — jusqu'à ce qu'on comprenne que la vie ne vient pas de l'être humain, mais que l'être humain vient de la vie. Le courant vital et créateur nous précède, nous porte et nous accomplit dans la mesure où nous nous y abandonnons et que nous lui faisons confiance. Peut-être que toute la vie est un exercice pour apprendre à faire confiance, à lâcher prise, à cesser de vouloir former le monde ou la vie à notre image, pour apprendre à céder nos illusions de possession, de contrôle et de direction.

Nos choix sont précédés de tendances, de conditionnements. On ne décide pas de poser tel acte pour ainsi changer une tranche de notre existence — comme un capitaine déciderait de changer de cap. Il s'agit plutôt de laisser le plan de vie profonde nous conduire vers l'épanouissement, la libération, la compassion, la perte de soi.

La croissance ne se fait pas par nous mais malgré nous. Il s'agit pour nous, sous l'invitation profonde et calme de la vie, de laisser tomber ces «malgré» comme autant d'armures, de défenses, d'invulnérabilité. Ce ne sont pas nos choix dont le monde dépend — comme si nos choix allaient changer le monde en profondeur. On ne choisit pas son avenir: on acquiesce aux courants créateurs qui, en nous, l'emportent sur les obstructions.

Car puisque ce n'est pas ma petite raison mais la conscience profonde, intemporelle et infiniment sage qui, avant l'entrée dans cette vie, a prévu le dévolu karmique actuel, ce n'est pas non plus le je conscient qui pourra de lui-même reconnaître la bonne voie à suivre, ni décider de la justesse des actes qui la réaliseront.

C'est le courant fondamental de la vie au-delà de notre conscient rationnel, c'est l'intelligence créatrice qui nous énergise et nous éclaire dans la nuit de notre conscience profonde et qui, entre les épisodes qu'on appelle existences, a fait les choix de nous mener de la vie à la Vie. Notre rôle consiste à nager avec ce courant, à ne pas nous opposer, à dire oui. À consentir à tout prendre dans une même accolade — le repoussant comme l'attrayant, à tout perdre dans la construction irrésistible de la vie. Consentir à devenir un avec une «volonté» qui est un flot spontané mais qui ne coule harmonieusement que si on cesse de vivre pour soi, pour défendre sa vie, son monde, son acquis — son passé. Il y a, dans la vague de fond qui nous porte, une somme considérable de sacrifices exigés de la part des vagues de surface. Il faut que le moins se perde dans le plus. Ce n'est pas une aventure où on se plaît mais où on se transcende. Comme le dit le maître Da Free John: «*Not self-indulgence, but self-transcendence.*» En effet, la vie se construit *malgré* nous.

* * *

Et où s'en va-t-il, cet univers?* L'univers ne va nulle part — physiquement. Il est un peu comme la personne qui croît — le mouvement est à l'intérieur, à travers les remous, les pertes, les cycles de ténèbres et de lumière. Certains affirment que l'univers est en expansion continuelle, et d'autres (théorie de l'oscillation) qu'il se rétracte dans un second temps. Mais il me semble que dans l'univers tout est marqué au coin de la dualité: ce qui se répand

---

* Bien que j'opte pour l'idée que l'univers n'ait jamais commencé, ni qu'il ne cessera jamais d'exister, je reste ouvert à l'idée qu'il soit fini ou infini. Mais je me plais à jongler avec les nombres comme ceux que l'on trouve dans le système bouddhiste, où on parle d'une quantité inconcevable de mondes — 5078 × trois milles systèmes majeurs. (*Soutra du Lotus*, chapitre du Juryo). Je crois de plus que plusieurs mondes sont habitables, que les planètes et tous les corps célestes sont vivants et habités par des êtres non-matériels: si cela semble inadmissible, qu'on se rappelle que la science nous dit présentement qu'il y a des organismes qui vivent de pétrole, d'autres de mercure, d'autres enfin, de fer ou de manganèse. Et on sait surtout que ce que la science révèle est toujours très en retard sur les intuitions spirituelles.

se rassemble, ce qui inspire expire, la marée haute appelle la marée basse, la vie la mort, le jour la nuit, la lumière l'ombre, l'expansion la rétraction. Il me semble donc évident (quoiqu'on ne puisse prouver ces choses) que l'univers respire. Il ne va nulle part, puisqu'il n'existe d'espace que ce que l'on nomme précisément l'univers (autre mot pour espace). Il reste en place et respire. Il se répand, se rétracte, toujours égal à lui-même. Il a toujours respiré: le *big bang* est pour moi une vision tronquée — il y manque quelque chose. Peut-être que l'autre aspect (ce qui a fait qu'il y a eu matière à explosion) se trouve à l'orée d'un trou noir dont le centre se retournerait comme un gant et recommencerait un autre monde (trou blanc). Quoi qu'il en soit, pour moi, l'univers n'a jamais commencé et ne peut donc s'achever, puisque l'univers, c'est la même chose que la conscience cosmique: c'est l'envers d'un endroit.

Or, dans la nature, rien ne se perd et rien ne se crée; l'énergie se conserve toujours égale à elle-même. Elle ne fait que se transmuer d'une forme à l'autre. Et la matière étant égale à l'énergie, ainsi que l'énergie à la conscience, il n'existerait éternellement qu'une seule conscience, qui contiendrait tout et rendrait tout possible. Seulement de la conscience, vive, pure et pleine, à travers une multitude d'êtres, de mondes et de danses.

En effet, au cours de ce livre, nous avons reconnu que matière et esprit n'étaient pas deux (comme dans le dualisme cartésien), mais une seule manifestation (en deux volets) d'une énergie-conscience cachée, intemporelle, insaisissable — la conscience cosmique. C'est pourquoi je dirais que le monde ne fait que commencer, qu'il commence tout le temps, qu'il ne fait que cela: commencer, recommencer, respirer, comme un souffle qui prend corps sans arrêt, comme un corps dont l'esprit est son souffle même. Dans la vie comme dans la mer, «la mer toujours recommencée» — rien n'est statique, toute marée est sans cesse soit montante, soit descendante.

La conscience n'est pas plurielle, disait Shrödinger. L'univers non plus, ni la vie, puisque ce que l'on appelle univers — cet espace de quelque 20 milliards d'années-lumière — n'est qu'une conscience unique et universelle qui se montre pour un temps à travers un voile corporel, et pour un temps sans ce voile. Mais le silence et le songe secret de cette révélation demeurent, au beau milieu de cette grande fête de feux et de chants.

* * *

Où s'en va le monde? La réponse que je préfère est celle d'un maître spirituel juif, qui raconte l'histoire suivante: «Un rabbin traversait chaque matin la Place Rouge, pour se rendre à sa synagogue. Et chaque matin, il rencontrait un cosaque, qui, pour montrer qu'il était gardien de l'ordre, lui demandait où il allait. Et chaque fois le rabbin répondait: «À la synagogue.» Mais ce matin-là, ils étaient tous deux de mauvais poil. Si bien qu'à la demande du cosaque: «Où allez-vous?», le rabbi répondit, comme ça: «J'sais pas.» Atteint dans son autorité, le cosaque furieux le saisit et le met en prison. Le soir venu, la femme du rabbin lui demande, toute émue: «Mon pauvre Schmelke, qu'est-ce qui t'est donc arrivé?» «Eh bien, figure-toi que je traversais comme ça la Place Rouge, et le cosaque me demanda où j'allais. Je lui réponds que je ne savais pas. Est-ce que je savais, moi, que j'allais finir en prison?»

Épilogue

Le champ de la vie

(parabole)

«Seul le champ existe»

Einstein

L'univers, comme la vie, est paradoxal. Au cœur de l'être, au niveau de l'atome, se trouve le dessein primordial de notre aventure. Chaque atome de lumière est à la fois particule et onde, c'est-à-dire une énergie qui s'exprime soit comme paquets discontinus (*quanta*), soit comme nappe continue (champ). L'aspect ondulatoire est fondamental, l'aspect particulaire ne se manifestant que lorsque le champ rencontre un obstacle, lorsqu'il est objectivé. Il y a donc, au niveau le plus fondamental, un paradoxe: une particule sur un champ, qui se contredisent si on les observe de l'extérieur, à travers des instruments qui privilégient une seule de ces dimensions, mais qui, en réalité, se complètent comme l'envers et l'endroit, le masculin et le féminin ou l'arrière et le devant.

Au niveau des perceptions humaines, nous savons que l'expérience est discontinue. Car, quelle que soit la rapidité de l'œil, il ne saisit jamais les pulsions premières, les mini-jets d'énergie de cette grande turbine qu'est le champ de la vie. Nos sens sont trop grossiers pour saisir la finesse des pulsations d'origine. Nos sens, qui sont en quelque sorte des faussaires, fusionnent tous les mini-instants d'énergie en une continuité, qui n'est donc pas réelle mais illusoire.

Les perceptions, les actions, les pensées sont des particules d'énergie qui expriment et manifestent le champ fondamental et ondulatoire. Les particules sont des actualisations, donc du multiple et du diversifié, sur un unique champ de potentialités secrètes. Le champ est une aire de possibilités inconditionnées et indéterminées.

Sur ce champ surgissent des actualisations reliées par la conscience, au moyen des perceptions, pour former *un je continu et coupé du reste*. Ce n'est pas que la continuité n'existe aucunement: il y a un réel continu sous-jacent, une unité, mais ils demeurent non-actualisés. En d'autres termes, c'est le champ en toutes choses qui est leur lien commun, leur ciment, leur sang unificateur. Le continu, c'est le champ contenant toutes les possibilités, le champ d'où montent toutes les instances d'action, de projet, d'être, un champ où rêvent les formes et les mondes.

Le champ est le sens, le réseau, la présence, la totalité, l'intelligence, la créativité. Rien de ce qui en jaillit n'en est inséparable. Tout est relié en lui, tout y est inclus, même lorsque cela est matérialisé, manifesté, actualisé. Il est le sens qui rassemble tout: les mots de la phrase, les cellules du corps, les familles et les amis, les atomes de cette page. (Sans lui, les choses ne seraient que des pulsions isolées (*spurts*), des *bits*, des objets en vrac — et cependant, cette phrase même ne signifie rien, puisqu'on ne peut dire que «les choses» seraient «quelque chose sans le champ».)

Lorsqu'il y a actualisation, il y a tendance dans la conscience à s'y fixer, à réduire la potentialité inconditionnée du champ à cette unique actualisation conditionnée et momentanée, à limiter les jeux de possibilités, la tendance créatrice — à se cantonner dans le connu. À se croire enfermé dans ses conditionnements.

La fraîcheur du regard ne peut surgir que du champ, non de l'actualisation — qui est un monde d'habitude se coagulant, s'agglomérant, pour créer l'apparence d'un être distinct — un peu à la façon des images successives du cinéma, que l'œil complice rassemble en un tout distinct ayant apparemment une forme complètement coupée du reste: le film.

Ce champ de possibilités inconditionnées est la paix et la bonté de l'être. La bonté paisible des choses. Comme il n'y a que ce champ, fondamental et universel, et qu'à la vérité il n'y a là rien de ce que l'on trouve à la surface de la vie, il ne s'y trouve pas non plus de conflit ni de dualité.

Chaque être, chaque instant, chaque action, chaque sensation, chaque sentiment, chaque pensée trempe dans ce vaste champ, comme un arbre dans la terre. Il n'est pas possible de les voir séparés. Chacune des manifestations — geste ou chose — est reliée à tout autre à travers et dans ce champ. «Il y a un flot commun, dit Hippocrate, une respiration commune, toutes choses sont en sympathie.» Chaque action et chaque chose est engluée dans un ensemble, *dont on ne peut la dégager ou la couper*, de sorte que c'est toute la réalité que l'on soulève à chaque montée d'énergie. («Toute chose est partout à la fois», disait Whitehead, faisant écho à Agrippa von Neltershein: «Toutes choses sont en tout.») C'est un peu comme la pâte qui colle aux doigts du boulanger. Des fils engluent toute chose et la rattache à toutes les autres. Les Kahunas parlent des fils d'énergie du corps astral (*unihipili*) qui s'attachent à toutes les choses touchées. Une semblable idée est exprimée dans la peinture amérindienne, où les êtres semblent se prolonger par des fils qui les relient aux autres créatures.

Chaque arbre, chaque humain apparaît aux sens comme un tout que l'on appelle arbre ou homme. Et cependant, il n'y a en réalité que le champ («Le champ seul existe», disait Einstein) — le champ qui semble être réduit à une de ses possibilités: cette manifestation particulière anecdotique. Il est réduit à une particule. L'homme, pas plus que la pierre, n'exprime complètement le champ. Le champ n'a jamais dit son dernier mot.

Chaque être se donne l'impression qu'il est la réalité. Que son actualisation, c'est toute la chose. Alors que cette actualisation du champ ne saurait épuiser le champ. Mais l'actualisation, en se prenant au sérieux et en se confinant à cette illusion qu'elle est la totalité et se trouve complètement coupée du reste, bloque par le fait même toute autre possibilité: *elle réduit le champ à UNE actualisation*. Ou, comme le disait Jean de la Croix: «si on tient à être une chose, on ne peut être tout.»

Et pourquoi cela se produit-il? Les pulsations d'énergie sont discontinues, *mais la conscience qui n'est pas éveillée ou assez affinée ne perçoit que du continu*. Or, ce continu est perçu non pas comme relié à tout le reste, mais comme séparé, formant un tout en soi, retranché de l'ensemble (du champ). Il se crée ainsi une épaisseur d'être cimenté par la peur. Et quelle est cette peur? C'est la peur qu'il n'y ait pas de fond qui supporte, pas de solidité entre chaque pulsion d'énergie, la peur que les silences entre chaque note soit la fin de la musique. La peur qu'entre les barres formant la base du pont de fer, l'abîme qui transparaît va nous engloutir. *La particule a peur qu'il n'y ait plus de champ pour la soutenir*. Elle a peur d'être séparée du champ. Elle a peur du vide. Elle craint que le champ, qui apparaît comme vide, soit en effet le vide.

Alors que la particule n'est rien d'autre que le champ actualisé.

Mais elle ne peut le savoir à moins de laisser pénétrer le champ entre chaque pulsion. En d'autres mots, le petit je conscient qui par peur s'acharne à croire que toutes choses sont des touts séparés, des îlots sans liens, ce petit je ne peut s'éveiller de son rêve à moins que le champ en lui ne traverse les mailles du tricot mental, les failles du château-fort. C'est par une expérience du silence, que la musique est rendue possible. C'est par l'expérience de la peur que le champ sans peur se fait connaître et envahit l'être.

C'est le champ qui est conscience, éveil, intelligence, connaissance. Il est toute potentialité dans le secret de l'être. Il est la bonté de ce qui est, la tendresse, la compassion, la foncière amabilité des choses, la touchante cordialité des êtres à l'état nu, sans conditionnements, sans préjugés, sans peur.

C'est dans le champ de vie que se trouvent la paix et la communion. La paix et la bonté ne viennent pas par l'effort ou l'intellect: elles y sont déjà dès qu'il y a de l'être qui les manifeste. Il n'y a rien à défendre contre les attaques du mal, du vide, de l'abîme. Il n'y a qu'à laisser le champ envahir le geste, la parole, la pensée. Entre l'expir et l'inspir, entre la systole et la diastole, entre le cil qui monte et descend, dans les hiatus de la pensée, le silence du champ peut envahir la conscience claire comme une marée inonde la grève. C'est alors que les îles disparaissent.

Dans la pensée chinoise, l'homme est, entre le Ciel et la terre, ce qui les relie dans une harmonie continue et complète. Le Ciel, c'est le champ de vie — infinité, intelligence, compassion, beauté, puissance illimitée, bonté —; c'est l'inexprimé, le tacite, le profond, le stable, le fort et le doux, le silence qui comprend tout.

La Terre, c'est le monde manifeste, accessible, touchant, sensuel, le monde des structures et des pouvoirs, le domaine du clair et du concret. Le monde des particules. Et l'homme est entre les deux. Il n'existe que par le Ciel mais n'agit que par la Terre. Il n'est que champ de vie qui se vit à travers une forme inséparable de toutes les autres. Le Ciel est la seule existence et il remplit tout — la Terre s'y trouve comprise, soutenue. Et cependant, la Terre qui manifeste le Ciel, est aussi importante que celui-ci. La particule est aussi importante que le champ, puisqu'elle n'est rien d'autre que le champ lorsque celui-ci s'est manifesté, objectivé. Ainsi, la petitesse de la particule peut sans crainte se perdre dans la bonté du champ. Elle sera engloutie mais c'est alors qu'elle se retrouvera.

Il s'agit seulement de faire confiance à la Bonté qui nous porte, nous contient et nous exprime, il s'agit de s'abandonner sans peur ni regret à la Bonté sans borne et silencieuse qui nous réalise.

Car le Champ de Vie n'a jamais dit son dernier mot.

écrit sur le bord de la mer
quelque part en Amérique

Notes

1. Ken Wilber, *Quantum Questions* (New Science Library, 1984)
2. Ken Wilber, *Eye to Eye* (Doubleday, 1983)
3. Jean E. Charon, *L'Esprit et la Science* (Albin Michel, 1983)
4. *Science et Conscience* (Stock et France-Culture, 198é)
5. *Re-Vision*, Printemps 1980
6. Ilya Prigogine, *Order Out of Chaos* (Bantam, 1984)
7. Dr Roger Godel, in *L'Homme et la Connaissance* (Le Courrier du Livre, 1965)
8. Jean E. Charon, *L'Esprit cet inconnu* (Albin Michel, 1977)
9. Jean Tourenne, *Vers une Science de la Conscience* (Les Editions de l'Âge de l'Illumination, 1981)
10. *Omni*, 1983
11. «La Conscience Pure est-elle un état quantique macroscopique dans le cerveau?», par Lawrence Domash (*Scientific Research on the Transcendental Meditation Program: Collected Papers*, Vol. I, MERU Press, Weggis, 1977)
12. «Patterns of Process», in *Core Physics Vistas* (Nick Herbert, Consciousness Life Institute, publication No. 3735, Dec. 1978)
13. Robert Linssen, *La Mutation Spirituelle du Troisième Millénaire (Le Courrier du Livre, 1981)*
14. *Jean Toussaint Desanti, La Philosophie silencieuse* (Seuil, 1975)
15. *Re-Vision*, Automne 1982

16. Da Free John, *Scientific Proof of the Existence of God Will Soon Be Announced by the White House* (Dawn Horse Press, 1980)
17. *Science Digest*, Octobre 1984
18. Eugene Wigner, *Symetries and Reflections* (Indiana University Press, 1967)
19. Daisaku Ikeda, *Life: An Enigma, a Precious Jewel* (Kodansha International, Tokyo 1983)
20. Raymond Ruyer, *La Gnose de Princeton* (Fayard, 1974)
21. G.S. Kirk & J.E. Raven, *The Presocratic Philosophers* Cambridge, 1957)
22. Jeremy Hayward, *Perceiving Ordinary Magic* (New Science Library, 1984)
23. Roger Jones, *Physics As Metaphor* (New American Library, 1982)

Autres ouvrages utilisés

Da Free John, *The Transmission of Doubt* (Dawn Horse Press, 1981)

Robert H. March, *Physics For Pœts* (Contemporary Books Inc., 1978)

Thomas S. Kuhn, *The Structure of Scientific Revolutions* (University of Chicago Press, 1962)

William Poundstone, *The Recursive Universe* (Morrow, 1985)

K.C. Cole, *Sympathetic Vibrations: Reflections on Physics* (Morrow, 1985)

Jean E. Charon, *L'Esprit et la Science 2* (Albin Michel, 1985)

Fritjof Capra, *The Turning Point* (Simon & Schuster, 1982)

Lithographié au Canada
sur les presses de
Métropole Litho Inc.